ARIZ创新思维逻辑

史小华 韩 冰 卢 浩 编著

燕山大学出版社

·秦皇岛·

图书在版编目（CIP）数据

ARIZ 创新思维逻辑 / 史小华，韩冰，卢浩编著. -- 秦皇岛 ：燕山大学出版社，2025. 3. -- ISBN 978-7-5761-0805-7

Ⅰ. B804.4

中国国家版本馆 CIP 数据核字第 2025VA0335 号

ARIZ 创新思维逻辑

ARIZ CHUANGXIN SIWEI LUOJI

史小华 韩 冰 卢 浩 编著

出 版 人：	陈 玉		
责任编辑：	王 宁	**策划编辑：**	王 宁
责任印制：	吴 波	**封面设计：**	吴 波
出版发行：	燕山大学出版社	**电　　话：**	0335-8387555
地　　址：	河北省秦皇岛市河北大街西段 438 号	**邮政编码：**	066004
印　　刷：	涿州市般润文化传播有限公司	**经　　销：**	全国新华书店

开　　本：	710 mm×1000 mm　1/16	**印　　张：**	12.75
版　　次：	2025 年 3 月第 1 版	**印　　次：**	2025 年 3 月第 1 次印刷
书　　号：	ISBN 978-7-5761-0805-7	**字　　数：**	200 千字
定　　价：	65.00 元		

前　　言

随着“大众创业、万众创新”的兴起，以发明问题解决理论（TRIZ）为代表的创新方法开始在我国广为流行。从2008年4月科学技术部、发展改革委、教育部、中国科协联合发布《关于加强创新方法工作的若干意见》（国科发财〔2008〕197号）以来，越来越多的专家、学者和来自企业的工程师们开始关注、应用和研究TRIZ，出版了很多介绍TRIZ的专著。这些专著为TRIZ在我国的推广作出了非常大的贡献。我国在TRIZ方面的研究起步较晚。与国外专著相比，我国的专著侧重于对TRIZ主要工具和方法的介绍，很少有专著直面TRIZ的内在逻辑。

发明问题解决算法（ARIZ）是苏联科学家和发明家根里奇·阿奇舒勒（Genrikh S. Altshuler）所创立的TRIZ的重要组成部分，是基于技术系统进化定律，用来解决发明问题的综合算法，通过挖掘和解决深层次的矛盾来达到解决问题的目的。作为TRIZ最核心的工具之一，ARIZ以其独特的逻辑和解题范式，最能够体现TRIZ的“灵魂之妙”。在多年的推广实践中，笔者发现近乎90%的TRIZ使用者并不使用甚至不了解ARIZ；即使学习过ARIZ，很多使用者却认为ARIZ步骤烦琐、程序复杂、难学难用，从而拒绝学习及应用。探究其原因，其中虽有算法本身复杂性的原因，但更多的是如果不能准确理解ARIZ的内在逻辑、深入探究ARIZ的细节，则不仅无法正确应用ARIZ解决实际问题，还有可能对TRIZ的理解产生偏差，进而导致使用者放弃使用ARIZ，而只单独地、碎片化地使用矛盾、标准解、科学效应等其他TRIZ工具。实际上，在解决问题的时候，人们都或多或少、有意无意地使用ARIZ的内在逻辑，只是缺乏系统的认知和总结而已。

当前，我国创新方法的推广应用进入一个新阶段，开始从大规模普及向更深层次的推广应用转型。相应的创新方法相关读物也需要从面向以初、中级水平的读者为主向面向中、高级水平的读者转变，从过去的知识介绍向理论研究转变，以适应当前发展的需要和读者的需求。在这样的背景下，本书应运而生。实践中，国内部分培训机构在介绍ARIZ的时候已经或多或少地涉及了这方面的内容，但更多的是介绍ARIZ算法的步骤，鲜有对ARIZ创新逻辑的关注；国外专门介绍ARIZ创新逻辑的出版物寥寥无几，仅有的一些甚至没有多少文字记录阿奇舒勒本人与其一众弟子关于ARIZ的讨论。因此，本书的出版试图弥补当前创新方法在该方向研究的不足。

笔者长期从事创新方法研究与实践，曾师从多位国际知名TRIZ大师和专家，在阅读大量俄文和英文文献的基础上，结合创新方法在我国的推广应用实践，不断探索TRIZ的内在逻辑，对ARIZ的创新思维逻辑进行了系统的梳理和总结，形成了一套简易的ARIZ范式。在前期的创新方法讲授和推广中，笔者发现该范式有助于学习者更好地理解并能准确使用ARIZ解决实际问题。

本书作为学习创新方法的中、高级参考资料，可为高等院校师生、企业工程师、科研人员、创新方法培训师和咨询师等有一定TRIZ基础的读者提供参考。

本书的出版得到了河北省科学技术情报研究院创新方法专项经费的资助。本书的完成得到了很多国内外专家、学者、同人的支持和帮助。书中部分内容参考了国内外相关文献研究，以及笔者与国内外TRIZ专家交流讨论的结果，特别是同弗拉基米尔·彼得罗夫（Vladimir Petrov）、谢尔盖·伊克万科（Sergei Ikovenko）、艾萨克·布柯曼（Isak Bukhman）、米哈伊尔·鲁宾（Mikhail Rubin）、孙永伟、王晶等专家的交流讨论，对于笔者准确理解ARIZ的内在逻辑大有裨益。弗拉基米尔·彼得罗夫、谢尔盖·伊克万科两位TRIZ大师还为本书的内容提出了很多建设性的意见，并慷慨地分享了他们的诸多著作以及早期珍藏的TRIZ资料，其中很多内容都是两位大师早年与阿奇舒勒学习和讨论的结果，只是一直没有形成文字公开发表。弗拉基米尔·彼得罗夫大师是阿奇舒勒的嫡传弟子，在TRIZ领域耕耘了半个多世纪，有着非常深厚的造诣，在ARIZ开发方面作出了极大的贡献，在此特别感谢他在ARIZ创新逻辑方面对作者作“掰开揉碎”般的指导，以及对后生晚辈的无私帮助与提携。廊坊师范学院党委书记、正高级工程师、创新方法专家郭鸿湧博士审阅了全部书稿，提出了很多有价值的意见和建议。此外，在本书的资料整理和书稿校对环节，燕山大学博士生侯家伟、王吉洋等同志付出了大量努力。在此谨向各位国内外TRIZ专家的指导、各位同人的帮助表示衷心的感谢！

由于水平有限，不足之处难免存在，敬请各位同行专家和TRIZ爱好者不吝赐教，笔者深表感谢！同时，希望通过本书，尽可能把笔者心中原汁原味的TRIZ呈献给读者，让创新方法为加快实现高水平科技自立自强、实现中华民族伟大复兴作出更大的贡献！

目　　录

引　言

发明问题解决理论的俄文是Теория решения изобретательских задач，转化为拉丁文就是Teoriya Resheniya Izobreatatelskikh Zadatch，其英文是Theory of the Solution of Inventive Problems，因此，TRIZ并不是英文缩写，而是俄文字母拉丁化转写后的缩写。

TRIZ是苏联科学家和发明家根里奇·阿奇舒勒（Генрих Саулович Альтшуллер，Genrikh S. Altshuler，1926—1998）于1946年提出的一套让人们能够放弃“试错”，并引导人们寻求解决方案的一项创新技法，至今已有将近80年的历史。TRIZ告诉人们：创新过程不是杂乱无章的，而是可操作的。TRIZ的应用有助于发展创造性思维和个体的创造力，从而能够以新的视角去看待事物和现象。TRIZ可以帮助我们找到从根本上提高创新效率的全新的高水平解决方案，从而可以提高发明的效率。

TRIZ是一个拥有大量工具和方法的体系。在经典TRIZ中，TRIZ工具通常分为两大类：一类用于解决标准问题，另一类用于解决非标准问题。对于标准问题，可使用发明原理、标准解、资源、科学效应等工具；而对于更为复杂的非标准问题，则主要是通过发明问题解决算法（拉丁文为Algotinm Resheniya Izobreatatelskikh Zadatch，缩写为ARIZ）来解决问题。

在TRIZ的工具体系里，ARIZ无疑是最重要的内容。阿奇舒勒自1956年提出第一个ARIZ版本以后，不断修正调整，先后开发了10余个版本。阿奇舒勒开发的最后一个ARIZ版本是ARIZ-85C（Genrikh S. Altshuler，1985），包括九大部分40个步骤，也是使用最广泛的版本。这个版本集成了包括理想最终结果、发明原理、物质-场模型、标准解、资源、物理矛盾、分离方法、小人法、科学效应等大部分TRIZ工具，通过对问题的重新定义，在系统、子系统、超系统的功能和资源中来回移动的过程中，多次迭代使用TRIZ解决复杂的、非标准的问题（Janice Marconi，1998）。在此之后，一些TRIZ专家继续对ARIZ进行修正，提出了多个ARIZ的新版本，如ARIZ-91（МУНТТП[1]，1997）、ARIZ-2009（Gennady Ivanov，2009）、ARIZ-2010（Vladimir Petrov，2010）、ARIZ-U-2014（Mikhail Rubin，2014）等。事实上，ARIZ不仅是一套解决问题的流程和算法，还可以用来开发创造性思维、克服思维惯性。通过学习使用ARIZ的内在逻辑来分析问题，可以帮助人们快速地产生更多的创意。

本书重点围绕ARIZ的创新思维逻辑，对ARIZ进行系统、深入的介绍，并附有解题示例，帮助读者更加直观、深入地理解ARIZ的精髓，准确应用ARIZ思考和解决问题。

需要说明的是：本书的定位是TRIZ的中、高级读物，因此阅读本书的读者需要有一定的TRIZ学习基础，至少需要完成对TRIZ基础知识的学习。为节省篇幅，本书对涉及TRIZ基础知识的内容不再作专门介绍，读者可以参考相关文献来学习。

最后用英国唯物主义哲学家弗朗西斯·培根[2]（Francis Bocon）的一句话来结束引言部分："读书时不可存心诘难作者，不可尽信书上所言，亦不可只为寻章摘句，而应推敲细思。"[3]

---

① 俄文"国际科技创新发展学校"（Международный Университет Научно Технического Творчества и Развития）的缩写。该学校前身为圣彼得堡 TRIZ 学校，由 TRIZ 大师米特罗凡诺夫（Волюслав Владимирович Митрофанов，1928—2014）于 1973 年创建，以学习周期长、毕业标准高而著称。从这所学校先后走出了 11 位 TRIZ 大师，当今诸多活跃在国际 TRIZ 界的专家都在这里学习过，被业界誉为"TRIZ 的发祥地"。1995 年更名为"国际科技创新发展学校"，2013 年更名为"圣彼得堡国际 TRIZ 公立学校"（Санкт- Петербургский Международный общественный университет ТРИЗ，缩写为 СПб МОУ ТРИЗ）。

② 弗朗西斯·培根（1561—1626），英国唯物主义哲学家、实验科学的创始人。

③ 摘自培根《谈读书》，选自王佐良主编：《并非舞文弄墨：英国散文名篇新选》，北京：生活·读书·新知三联书店，1994 年，第 9—11 页。

第一章　发明与创新基础

“发明”与“创新”这两个词，想必读者并不陌生。发明是应用自然规律解决技术领域中特有问题而提出创新性方案、措施的过程和成果[①]。《现代汉语词典》（第七版）对“发明”一词的解释为：①创造（新的事物或方法）；②创造出的新事物和新方法；③创造性地阐发、发挥。而“创新”一词的概念则源自美籍奥地利政治经济学家约瑟夫·熊彼特（Joseph Alois Schumpeter，1883—1950）提出的创新理论。约瑟夫·熊彼特认为，创新就是建立一种新的生产函数，即把一种从来没有过的关于生产要素和生产条件的“新组合”引入生产体系。换句话说，创新就是将原始生产要素重新排列组合为新的生产方式，以求提高效率、降低成本的一个经济过程。尽管二者的定位不同，一个是创造技术价值，另一个是创造经济价值，但都是推动人类社会发展的重要活动。

自古以来，人类社会的发展都离不开发明与创新。早在远古时代，人类的祖先就知道使用石头、木棍等自然界已有的物体。那时候的发明和创新更多地就是靠仔细观察和运气。随着社会不断向前发展，发明和创新也在不断发生着质的变化，从而引起人类社会的深刻变革。

发明是制造、工程、商业、建筑、文学、艺术、农业、体育等许多领域共有的特征，各个领域都有自己的创新。当然，发明和创新在工程活动中起到特殊的作用。因为工程师们不仅需要制定新的解决方案，而且在设计阶段，原型制作、批量产品开发、设备操作和维护等任务也需要通过发明和创新来实现。

---

① https://baike.baidu.com/item/发明/1615352?fr=ge_ala。

因此，关于发明和创新方法的知识以及在各种情况下使用它们的能力尤为重要。

在平时的工作和生活中，人们每天都会面临各种各样的问题需要解决。当一个人面对其所熟悉的某一类问题时，通常会迅速地、轻而易举地运用自己所具备的知识和经验去解决它们。但当人们遇到一个之前从来没有遇到过的新问题，试图去解决它的时候，会出现一个不可逾越的障碍——因为缺乏知识和经验而无法获得解决方案。这个时候，人们通常会采取“试错法”，即在追求目标的过程中，通过不断试验发现错误并消除误差，探索未知领域的一种基本方法[①]。

使用试错法的时候，开始先是试图朝某个方向去努力，但没有解决问题，又试图改变方向，也没有解决问题，如此过程反复若干次，直到找到某个方向之后，得到了一个解决方案。如果对这个方案不满意，还可以重复上述过程得到第二个解决方案，以此类推。这种方法其实对于解决包括发明和创新问题在内的任何问题都适用，但问题在于使用试错法来解决问题需要花费大量时间，产生高昂的经济成本，并且最终的解决方案并非恰好就是最优方案。

正因为试错法效率低下，人们才需要更先进、更高效率的发明方法来帮助人们实现各种发明和创新。目前，人类已开发的创新方法有数百种，其中最具代表性和典型性的一种就是由根里奇·阿奇舒勒提出的，他称之为发明问题解决理论（TRIZ）。

20世纪40年代，阿奇舒勒在其工作中发现，有必要发明一项技法，使人们能够放弃“试错”的方法，并引导人们寻求解决方案。正是基于这样的一个想法，阿奇舒勒提出了一套“世界级”的创新方法——TRIZ，并且一生都在致力于TRIZ的研究与推广。

阿奇舒勒在对海量专利进行分析的基础上认为：技术系统的进化是有规律的，任何发明问题都可以根据问题类型以及解决方案的类型进行分类，需要找出并解决发明问题中所隐含的矛盾。通过解决矛盾，人们可以得到没有缺点的解决方案。也正是基于这一基本观点和逻辑，阿奇舒勒提出了发明问题解决算

---

① https://www.zgbk.com/ecph/words?SiteID=1&ID=321912。

法（ARIZ），并将其作为TRIZ体系中重要的内容之一。

关于TRIZ的基本知识，很多出版物都有详细介绍。如果读者对TRIZ感兴趣，可以参考相关出版物，本书重点围绕ARIZ进行详细介绍。在正式介绍ARIZ之前，先介绍ARIZ中的一些核心概念，以帮助读者更好地理解ARIZ。

一、发明情境与发明问题

TRIZ的创始人阿奇舒勒提出了两个概念：发明情境（invention situation，IS）和发明问题。在学习ARIZ之前，先要搞清楚这两个概念的含义。

（一）发明情境

阿奇舒勒认为：发明情境是指所选问题的信息源，也可以简称为情境，相当于描述一个设备或流程存在的某个缺陷。发明情境通常是显而易见、为人们所知的。但是发明情境并没有说明哪些是可以更改的，哪些是不可以更改的。

发明情境实际上是对系统、情境、目标的陈述或对不良效果的模糊描述。通常一个发明情境由几个不同的发明问题组成。如“帆船在微风下行驶得慢，该怎么办？”这样一个发明情境可以引发出很多问题，例如：如何增加帆的面积？如何更好地利用现有的风帆？如果没有帆该怎么行驶？如何降低水的阻力？等等。

人们常说：“提出正确的问题，往往等于解决了问题的一半。”这个说法没有错，但不完全对，因为很多正确的问题都是由发明家自己提出来的。事实上，很难要求发明家自己既能提出问题又能解决问题，因为解决问题的过程需要相应的条件。而“绝对”正确的发明问题不再成为人们的挑战——因为它有着显而易见的解决方案。

起初，问题会隐藏在发明情境中，需要把它识别出来。如果发明者选择了一个问题之后，发现它是错误的，此时就需要返回原点，然后再去解决一个新问题[①]。

（二）发明问题

阿奇舒勒对发明问题的定义是：只有在通过现有方法无法解决的情况下，这个问题才会成为发明问题。发明问题确保既要“多赢”还得“少输”。“只赢不输”，这是成为发明问题的一个必要条件。

发明问题通常可以从发明情境中得到，这个问题可以是最大或最小问题。

最大问题包括两类：一是原则上需要建立新系统的问题，即为达到特定目的而更改工作原理；二是需要改变超系统的问题，即当解决最大问题的时候，需要确定新系统开发的目的。

最小问题则有多个目的：既要保持现有系统的有用功能，又要以最小的变化来消除系统中的有害作用或使不足作用变得充分。最小问题可以通过对发明情境的限制获得。例如：在不改变一切或使其变得更简单的基础上，出现所需要的作用或消除有害作用。

下面举例说明如何从发明情境中找到发明问题。

【例1-1】衣服袖子

发明情境：在俄国沙皇彼得一世（1682年4月—1725年2月在位）统治时期，军人们在饭后会用衣服袖子擦嘴，或是感冒的时候用袖子擦鼻涕。如何让军人们不弄脏他们的袖子？

这里就有一个典型的发明问题：如何让军人们不弄脏他们的袖子？这个问题的解决方法有很多，例如：发布禁止用袖子擦嘴或擦鼻涕的命令，对违令者采取严厉的惩罚措施；发布让军人“不要这么做、不想这么做、不能这样做”的办法；等等。

最后彼得一世选择了“让军人不能这样做”的方法：在袖口外侧钉上扣子，这样军人们就无法用钉着扣子的袖子擦嘴了。

---

① 根里奇·阿奇舒勒，亚历山大·谢柳茨基：《伊卡洛斯之翼：如何解决发明问题》，彼得罗扎沃茨克：卡累利阿出版社，1980 年，第 39 页。

二、矛盾的概念

从发明问题的定义中不难发现，发明问题其实就是包含矛盾的问题，因为在发明问题里，既要“多赢”还得“少输”，本身就是一个充满矛盾的情形。那么在ARIZ里，究竟什么是矛盾，和读者在日常生活中所理解的矛盾的含义是否相同，这些将在本节作详细介绍。

（一）什么是矛盾

《现代汉语词典》（第七版）对“矛盾”一词的解释为：“辩证法上指客观事物和人类思维内部各个对立面之间的互相依存而又互相排斥的关系。矛盾是一切事物变化发展的根本原因。”也就是说，矛盾是双方相互排斥、相互分离而又相互吸引、相互联结的属性和趋势，是认识客观世界和知识进化的源泉。由于TRIZ是一套解决发明问题的方法论体系，其核心就是要解决矛盾，因此，矛盾是TRIZ里非常重要的核心概念之一。对于发明问题来说，如果系统的某个地方有所改善的同时，会导致另一个地方出现恶化，这就是典型的矛盾。有些中文文献将其定名为“冲突”，感兴趣的读者可以去比对这两个词的含义和差别。

针对这样的“矛盾”，人们通常会采取折中的办法，即“寻求最大公约数”。但这样的结果必然不会令人非常满意，因为这样的解决方案总会至少有一方以“牺牲一些东西”为代价，哪怕这样的代价很低。但ARIZ则不然，ARIZ解决问题的方法就是识别、分析和解决矛盾，以达到“双赢”的目标。

在ARIZ中，矛盾有三种类型：管理矛盾、技术矛盾和物理矛盾。下面将逐一介绍。

（二）管理矛盾

管理矛盾（administrative contradiction，AC）是反映需求和现有能力之间的矛盾，其用来明确“什么是我们想要的”。管理矛盾是指为了避免某些现象或希望获得某些结果，需要做一些事情，但不知如何去做。

管理矛盾很容易识别。一般来说，管理矛盾通常来自管理者或客户，是最浅显的一类矛盾。例如：这件事需要去做，但不知道结果如何；需要消除有害作用，但不知道怎么做；产品生产过程中存在废品，但不知道原因；等等。

管理矛盾包含两个方面：一是存在不良效果或有害作用；二是需要做一些新东西，但不知道怎么做。阿奇舒勒认为：管理矛盾本身具有暂时性，而无启发价值，不能表现出问题解的可能方向。也正因如此，管理矛盾不属于TRIZ的研究内容。

（三）技术矛盾

技术矛盾（technical contradiction，TC）是系统的特定组件、品质或参数之间的矛盾，通常表现为一个系统中两个不同参数之间的矛盾。技术矛盾是指一个作用同时导致了有用及有害两种结果，也可指有用功能的引入或有害作用的消除导致一个或几个子系统或系统变坏。

技术矛盾源于系统组件或参数不成比例或不协调的开发。当系统的一个组件或参数出现明显的量变，而其他部分急剧“滞后”，此时会导致这个发生改变的组件与其他部分之间出现矛盾。当系统某个组件、品质或参数的改进导致其他组件、品质或参数恶化时，同样会导致技术矛盾的出现。

技术矛盾是管理矛盾加剧的结果。事实上，一个管理矛盾会引起多个技术矛盾。某个对象功能的改善往往会使其他功能出现明显恶化。如果解决问题的必要条件是消除技术矛盾，这类问题通常可以看作发明问题①。

（四）物理矛盾

物理矛盾（physical contradiction，PC）反映了系统中的某一部分具有两个不同的属性。物理矛盾是指一个组件或参数为了实现某种功能应具有某种属性，但同时出现了与此属性所不同的属性。这一点对于确定技术矛盾的原因或者进一步“激化”矛盾意义重大，因为矛盾的“激化”可以在更大程度上揭示矛盾产生的原因。

---

① 根里奇·阿奇舒勒：《发明的基础》，沃罗涅日：中央-切尔诺泽姆图书出版社，1964 年，第 48—49 页。

对于ARIZ或者TRIZ的初学者而言，他们会觉得物理矛盾很奇怪，甚至认为这不可能——系统的某些组件必须同时处于两个互斥的状态：既要大又要小，既要长又要短，既要冷又要热，既要移动又要固定，既要柔性又要刚性，既要能导电又要不能导电，既要存在又要不存在，等等。实际上，物理矛盾和技术矛盾有着紧密的联系。物理矛盾涉及的两个属性中，其中一个属性要满足技术矛盾的一个参数，而另一个属性要满足技术矛盾的另一个参数。这里假定存在属性P，以满足技术矛盾中的参数A；还需要找到一个属性非P，以满足技术矛盾中的参数B。这里P和非P的作用必须是不同的，而且物理矛盾只针对系统的特定部分，而不像技术矛盾那样针对整个系统。

对于很多常见的物理矛盾而言，两个不同的参数属性往往都用反义词来描述，例如：散热片的面积需要大，为了散热效果好；散热片的面积需要小，为了节省空间。这里的“大”和“小”就是对应“散热片的面积”这一参数的两个不同属性，而且是用反义词来表述的。需要说明的是：在描述物理矛盾的两个不同的参数属性时，并不要求一定要用反义词来描述，也就是说，物理矛盾的两个不同的参数属性不是绝对意义上相对的。例如：物体的形状既要是方的，以满足技术矛盾中的参数A；又要是圆的，以满足技术矛盾中的参数B。如果按反义词的语义去理解上面的参数属性，“方”对应的是“圆”。但实际上，对这个物理矛盾而言，满足参数B的物体形状可以不是圆的，可以是扇形的、三角形的、六边形的等等。换句话说，只要不是方的就可以。也就是说，这个物理矛盾应该定义为：物体的形状既要是方的，以满足技术矛盾中的参数A；又不能是方的，以满足技术矛盾中的参数B。如果在定义物理矛盾中，仅限于满足参数B的物体形状是圆的，这样就会丢失很大的解空间。这一点请读者格外注意，特别是非技术领域问题，这种情形会更普遍一些。

物理矛盾识别的过程本身就是对问题的精确阐述。阿奇舒勒认为：在物理矛盾中，将必要条件“激化”到极限，消除一个或多个以外的所有可能，逼近理想最终结果。

通过对三种矛盾的介绍不难发现，三种类型的矛盾构成了“管理矛盾—技术矛盾—物理矛盾”这样一个逻辑链条，同时也揭示了所研究的系统的因果关系：识别物理矛盾的过程本身就是寻找引起技术矛盾的深层次原因。

（五）三种矛盾的表述

关于管理矛盾、技术矛盾和物理矛盾的表述，在很多有关TRIZ的出版物里均有详细介绍，本书不作过多阐述，仅就一些关键点加以介绍。

1.管理矛盾的表述

管理矛盾的描述比较简单，只需把需要解决的问题或存在的不良效果表述清楚即可。

2.技术矛盾的表述

技术矛盾是由两个不同参数构成的。为了改善系统的某个参数，导致该系统的另一个参数恶化。因此，技术矛盾可以表述为“如果……那么……但是……”的格式：如果采用A方案，那么改善了B，但是恶化了C。

例如：如果提高汽车抗撞击强度，那么可以提高汽车的安全性，但是会增加其重量。

3.物理矛盾的表述

物理矛盾是针对系统同一参数的两个方面的不同要求，对参数的要求一定是有条件的，或为了满足什么样的需求才会对参数有此要求。因此，物理矛盾可以表述为：某系统应该具有或已有某种“有用”参数，以能满足“需求1”；该系统不应该或不能有某种“有害”参数，以能满足“需求2”。或：系统参数A需要“B”，因为/为了满足功能或需求C；参数A需要“非B”，因为/为了满足功能或需求D。

例如：散热片的面积需要大，为了散热效果好；散热片的面积需要小，为了节省空间。

下面举例说明三种矛盾的表述。

【例1-2】公交车

公交车需要容纳更多的乘客，应该如何做？这是一个典型的管理矛盾。

分析上面的问题：为了容纳更多的乘客，公交车需要宽敞，也就是容量更大；然而大容量的公交车很难制造。这是一个技术矛盾。

继续确定物理矛盾：公交车（的车厢）需要大，以容纳更多乘客；公交车（的车厢）需要小，以更加灵活机动。

三、矛盾的解决

在ARIZ的三种矛盾里，技术矛盾和物理矛盾是需要重点关注并且解决的，因此，本书重点介绍技术矛盾和物理矛盾的解决方法。

（一）技术矛盾的解决方法

阿奇舒勒在20世纪40—70年代期间，通过分析海量专利得到了适用于工程领域的39个通用工程参数以及解决技术矛盾的40个发明原理和10个补充发明原理。直到今天，这些工具仍然可以用来指导人们解决所遇到的很多发明问题。关于通用工程参数和发明原理、补充发明原理的含义和解释，感兴趣的读者可以参考相关TRIZ出版物。

39个通用工程参数如表1-1所示。

表1-1　39个通用工程参数

序号	名称	序号	名称	序号	名称
1	运动物体的重量	14	强度	27	可靠性
2	静止物体的重量	15	运动物体的作用时间	28	测量精度
3	运动物体的长度	16	静止物体的作用时间	29	制造精度
4	静止物体的长度	17	温度	30	作用于物体的外部有害因素
5	运动物体的面积	18	光强度	31	物体产生的有害因素
6	静止物体的面积	19	运动物体的能量消耗	32	可制造性
7	运动物体的体积	20	静止物体的能量消耗	33	可操作性
8	静止物体的体积	21	功率	34	可维修性
9	速度	22	能量损失	35	适应性
10	力	23	物质损失	36	系统的复杂性
11	应力或压力	24	信息损失	37	检测的难度
12	形状	25	时间损失	38	自动化程度
13	稳定性	26	物质的量	39	生产率

40个发明原理如表1-2所示。

表1-2　40个发明原理

序号	原理名称	序号	原理名称	序号	原理名称	序号	原理名称
1	分割	11	预补偿	21	快速通过	31	多孔材料
2	抽取	12	等势性	22	变害为利	32	颜色改变
3	局部质量	13	反向作用	23	反馈	33	均质性
4	不对称	14	曲面化	24	中介物	34	抛弃或再生
5	组合	15	动态性	25	自服务	35	参数变化
6	多用性	16	未达到或过度作用	26	复制	36	相变
7	嵌套	17	维数变化	27	廉价替代品	37	热膨胀
8	重量补偿	18	振动	28	机械系统替代	38	强氧化作用
9	预先反作用	19	周期性作用	29	气动与液压结构	39	惰性环境
10	预先作用	20	有效运动连续性	30	柔性壳体或薄膜	40	复合材料

此外，20世纪70年代，阿奇舒勒还提出了10个补充发明原理①（表1-3），但未经过有效验证。

表1-3　10个补充发明原理

序号	原理名称	序号	原理名称
41	暂停	46	炸药和火药
42	多步骤作用	47	水上组装
43	泡沫	48	真空袋
44	嵌入物	49	解离-关联
45	双原理	50	自组织

39个通用工程参数的作用是将一个具体问题进行高度抽象和概括后，转化并表述为技术矛盾。39个通用工程参数中的任意两个不同的参数就可以表示一对技术矛盾，通过组合，可以表示出1482种最常见的、最典型的通用技术矛盾，涵盖了日常工作中所出现的绝大多数技术矛盾。

当人们使用39个通用工程参数将实际问题抽象成技术矛盾时，接下来就是应用发明原理解决这些通用的技术矛盾。阿奇舒勒通过分析海量专利发现：针对某一对由两个通用工程参数所确定的技术矛盾来说，40个发明原理中的某一

① https://www.altshuller.ru/triz/technique1a.asp。

个或某几个发明原理解决矛盾的次数明显要比其他的发明原理多。如果能够将发明原理与技术矛盾之间的这种对应关系描述出来，人们就可以直接使用那些对解决自己所遇到的技术矛盾来说最有效的发明原理，而不用将40个发明原理逐一试一遍，这样可以明显提高效率。于是，阿奇舒勒将39个通用工程参数和40个发明原理有机地联系起来，建立起对应关系，构建了矛盾矩阵，又称39×39矛盾矩阵，如表1-4所示。

表1-4　矛盾矩阵（局部1）

改善的参数	运动物体的重量	静止物体的重量	运动物体的长度	静止物体的长度	运动物体的面积	静止物体的面积
运动物体的重量		—	15，8，29，34	—	29，17，38，34	—
静止物体的重量	—		—	10，1，29，35	—	35，30，13，2
运动物体的长度	8，15，29，34	—		—	15，17，4	—
静止物体的长度	—	35，28，40，29	—		—	17，7，10，40
运动物体的面积	2，17，29，4	—	14，15，18，4	—		—
静止物体的面积	—	30，2，14，18	—	26，7，9，30	—	

在矛盾矩阵中，列所代表的通用工程参数是系统改善的参数，行所代表的通用工程参数是系统恶化的参数。矛盾矩阵中间单元格中的数字是发明原理的序号，每个序号代表一个发明原理。这些序号是依照统计结果排序的，即排在第一位的那个序号对应的发明原理在解决该单元格所对应的技术矛盾时，使用的次数最多，以此类推。实际上，用于解决某个单元格对应的技术矛盾的发明原理不仅仅只有该单元格中所列出的那几个。只是从统计的角度来说，单元格中所列出来的那些发明原理是解决该技术矛盾最为常用的、使用频率最高的，没有列入单元格的发明原理，不能说不适合解决这个矛盾，而是针对这对技术矛盾而言，其他的发明原理没有单元格里的发明原理使用的频率那么高而已。并且解决某个技术矛盾的发明原理也不局限于单元格所列出的这些，任何一对技术矛盾都可以用40个发明原理逐个试一下。

细心的读者还会发现，有些单元格是空格或“—”，没有对应发明原理的序号。事实上，矛盾矩阵的空格或“—”并不代表没有对应的发明原理，而是没有特别常用的或者合适的发明原理来解决该技术矛盾，这个时候可以把40个发明原理都试一下。需要注意：阿奇舒勒矛盾矩阵里的“—”不是减号的意思。在阿奇舒勒生活的那个时代，苏联人习惯用“—”来表示“空格”，也就是说，“—”和空格的含义相同。因此，矛盾矩阵的单元格不存在空格和“—”并存的情况，这两种表述方式只需选择其中一种即可。除此之外，矛盾矩阵本身是没有“+”的，有的专家针对同一参数既是改善参数又是恶化参数（即矛盾矩阵左上—右下对角线上的单元格）标注了“+”，其含义是这种情形属于物理矛盾，但这种情况在阿奇舒勒矛盾矩阵中则是将单元格涂成阴影，因为在阿奇舒勒开发矛盾矩阵的时候，物理矛盾还没有正式提出来。

有了矛盾矩阵和发明原理，就可以解决技术矛盾了。解决技术矛盾的一般流程是：先在矛盾矩阵左侧第一列中找到改善参数，再在矛盾矩阵上方第一行中找到恶化参数；从改善参数所在的位置向右作平行线，从恶化参数所在的位置向下作垂直线，位于这两条线交叉点处的单元格中的数字，就是矛盾矩阵推荐的、用来解决由所选两个通用工程参数所构成的这对技术矛盾的、最常用的发明原理的序号。

需要注意的是：矛盾矩阵是不对称的，参数的顺序不能颠倒，一定要先确定改善参数，再确定恶化参数。

在使用矛盾矩阵找到发明原理后，接下来就是在发明原理的启发下，结合专业知识、实践经验得到实际的解决方案。

这里举例说明如何使用矛盾矩阵和发明原理来解决技术矛盾。

【例1-3】坦克

为了增加坦克的抗击打能力，最直接的方法就是增加坦克的装甲厚度，但是这样会增加坦克的重量。

针对这个技术矛盾，首先确定改善参数。本例中，改善的地方是“增加抗击打能力”。39个通用工程参数中，最接近的是“强度”，即通过增加装甲的厚度来改善强度。

接下来确定恶化参数。本例中，恶化的地方是“坦克的重量增加”。39个通用工程参数中，最接近的是“运动物体的重量”。

改善参数、恶化参数确定后，接下来就是在矛盾矩阵中寻找合适的发明原理。在表1-5矛盾矩阵左侧第一列中找到改善参数：强度，在矩阵上方第一行中找到恶化参数：运动物体的重量。从强度向右，从运动物体的重量向下，分别作两条射线，在这两条射线的交叉点所在的单元格中，得到四个序号：1、8、40、15，分别代表四个发明原理，即分割、重量补偿、复合材料、动态性。

表1-5　矛盾矩阵（局部2）

	运动物体的重量	静止物体的重量	运动物体的长度	静止物体的长度	运动物体的面积	静止物体的面积
运动物体的重量		—	15，8，29，34	—	29，17，38，34	—
静止物体的重量	—		—	10，1，29，35	—	35，30，13，2
强度	1，8，40，15	40，26，27，1	1，15，8，35	15，14，28，26	3，34，40，29	9，40，28

根据这四个发明原理及其指导建议，可以得出解决方案：用复合材料来制造一块一块的、容易组装和拆卸的、可以动态配置的装甲板，根据需要动态地配置于坦克车体的各个部位。

（二）物理矛盾的解决方法

解决物理矛盾的方法是分离矛盾的属性。TRIZ专家在总结各种解决物理矛盾方法的基础上，将其概括为四种分离方法，即空间分离、时间分离、条件分离、系统级别分离。这四种方法都是将同一个对象（系统、参数、属性等）的相互矛盾的需求分离开，从而使矛盾的双方都得到满足。以下简要介绍一下这四种分离方法。

1.空间分离

空间分离是指将矛盾双方在不同的空间分离，即通过在不同的空间位置满足不同的需求，从而解决物理矛盾。当系统中存在两个不同的需求时，如果其中一个需求只存在于某个空间位置，而在其他空间位置并没有这种需求，就可以使用空间分离的方法将这两个需求分离开。

例如：在十字路口，去往不同方向的汽车都要通过相同的区域，但是它们又不能同时通过相同的区域，否则就会造成交通事故。解决这个问题可以通过空间分离实现：利用立交桥可以使去往不同方向的汽车在同一时间在不同的空间位置通过该区域。

2.时间分离

时间分离是指将矛盾双方在不同的时间段分离，即通过在不同的时刻满足不同的需求，从而解决物理矛盾。当系统中存在两个不同的需求时，如果其中一个需求只存在于某个时间段内，而在其他时间段内并没有这种需求，就可以使用时间分离的方法将这两个需求分离开。

例如：在十字路口，去往不同方向的汽车都要通过相同的区域，但是它们又不能同时通过相同的区域，否则就会造成交通事故。解决这个问题可以通过时间分离实现：利用红绿灯就可以使去往不同方向的汽车在不同的时间段通过相同的区域。

3.条件分离

条件分离是指将矛盾双方在不同的条件下分离，即通过在不同的条件下满足不同的需求，从而解决物理矛盾。当系统中存在两个不同的需求时，如果其中一个需求只存在于某一种条件下，而在其他条件下并没有这种需求，就可以使用条件分离的方法将这两个需求分离开。

例如：在十字路口，去往不同方向的汽车都要通过相同的区域，但是它们又不能同时通过相同的区域，否则就会造成交通事故。解决这个问题可以通过条件分离实现：利用环岛使去往不同方向的汽车在同一时间通过相同的区域，汽车从各个不同的入口驶入环岛，再按照不同的目的地选择不同的出口驶出环岛。

4.系统级别分离

系统级别分离是指将矛盾双方在不同的系统级别下分离，即通过在不同的条件下满足不同的需求，从而解决物理矛盾。当系统中存在两个不同的需求时，如果其中一个需求只存在于某个系统级别上（例如只存在于子系统级别上），而不存在于另一个系统级别上（例如不存在于系统或超系统级别上），就可以使用系统级别分离的方法将这两个需求分离开。

例如：自行车链条应该是柔性的，以便能够环绕在传动链轮上；它又应该是刚性的，以便在链轮之间传递相当大的作用力。通过系统级别分离，链条上的每一个链节（子系统）都是刚性的，但是整个链条（系统）却是柔性的。

（三）解决矛盾实践

接下来将举例说明如何表述并解决矛盾。

【例1-4】眼镜

（1）问题情境

视力不好的人有时需要戴两副眼镜：一副看远处，另一副看近处（例如看书）。不断更换眼镜非常不方便，如何解决？

（2）问题分析

管理矛盾：如何提高眼镜的易用性？

技术矛盾：如果用两副眼镜，那么可以清晰地看清远处和近处，但是使用不方便（根据不同场景更换眼镜）。

物理矛盾：必须有两副眼镜（使用不同类型的镜片）才能看清远处和近处，必须有一副眼镜以便于使用（无须更换眼镜）。

（3）问题解决

这里可以考虑利用空间分离解决物理矛盾：使用双焦距眼镜，即同一副眼镜的上半部和下半部的焦距不同，以满足使用者看不同远近距离的需要。眼镜上半部用来看远处，下半部用来看近处。

【例1-5】电脑

（1）问题情境

电脑不使用时会产生大量能耗，该怎么办？

（2）问题分析

管理矛盾：如何减少能耗？

技术矛盾：如果电脑要完成必要的工作，那就需要一直运行，但会产生大量能耗。

物理矛盾：电脑需要打开，以完成必要的工作；电脑需要关上，避免不用时产生大量能耗。

（3）问题解决

这里可以考虑利用时间分离解决物理矛盾：电脑长时间不使用时进入休眠状态。

【例1-6】电子产品

（1）问题情境

人们对电子产品的需求日益多元化，而现有的批量化生产模式无法满足人们的个性化需求。

（2）问题分析

管理矛盾：批量化生产无法满足个性化需求。

技术矛盾：如果变批量化生产为定制化生产，那么满足了个性化的用户需求，但是却降低了生产效率。

物理矛盾：电子产品生产既要批量化，为了提高生产效率；又要定制化，以满足个性化的用户需求。

（3）问题解决

这里可以考虑利用系统级别分离解决物理矛盾：零部件采取规模化生产，由客户根据自身需求组装成个性化的电子产品。

四、理想最终结果

TRIZ认为，所有系统都朝着提高理想度的方向发展。什么是理想度？阿奇舒勒认为，理想度可以看作系统中所有有用功能的总和与系统中所有有害作用和成本的比。如果用一个表达式来表达的话，理想度可以表达如下：

$$理想度=\Sigma有用功能\ /\ (\Sigma有害作用+成本)$$

由这个表达式不难看出，系统的理想度与有用功能之和成正比，与所有有害作用和成本成反比。因此，在发明和创新的过程中，应以提高理想度的方向为设计的目标，即在让系统变得更好的同时，不断减少成本、去掉有害作用。当系统理想度不断提高之后，以理想度的概念为基础，引出理想最终结果的概念。

理想最终结果（ideal final result，IFR）[①]的本质是一个发明问题的解决方案，用来减少问题解决过程中的思维惯性程度，其目的是让使用者寻找到最高理想度的解决方案（Valeri Souchkov，2018）。

根据物理学定律，这样的解决方案可能永远无法实现，但理想最终结果可以是解决问题的"灯塔"和"风向标"，是人们努力追求的目标，是理想度不断提高的结果。解决方案与理想最终结果的接近程度决定了解决方案的质量。实践中，可以通过比较IFR和实际解决方案来识别矛盾。因此，理想最终结果是揭示矛盾、发现问题并评估解决方案所必需的工具。

在TRIZ发展过程中，理想最终结果的定义在不断升级，因此在现有TRIZ的文献中可以找到不同的定义。理想最终结果同样也是ARIZ中的一个重要概念，但其含义与前面介绍的有所不同。

在ARIZ中，理想最终结果是一个相对概念，被定义为一个发明问题的解决方案模型，表达为对X元素的一系列合理要求（Valeri Souchkov，2018），是对系统改变最小（或不改变）的最优解决方案。换句话说，ARIZ里的理想最终结果就是"最小问题"的答案。

阿奇舒勒认为：在使用ARIZ开展工作时，创造性思维应该清晰地指向理想解。例如：某种有害作用在理想情况下应该自行消除，那就让它自己消除，也可以同其他有害作用一起消除。当然，最理想的状态可能是让有害作用开始变得有用[②]。专注于理想解并不意味着脱离实际答案，在许多情况下，理想解完全可以实现。例如：理想机器的功能可以由另一台机器附带执行。

---

① 目前部分中文 TRIZ 文献将 IFR 翻译为"最终理想解"，但其俄文原词是 Идеальный Конечный Результат（ИКР），更多的是表达一种"理想最终结果"，并不是从中文字面意义理解的"最终状态的理想解"。因此，本书将其中文名称定为"理想最终结果"。

② Г. С. 阿里特舒列尔（根里奇・阿奇舒勒）：《创造是精确的科学》，魏相、徐明泽译，广州：广东人民出版社，1987 年，第 90 页。

理想方法通常需要预先采取必要的措施，这样在需要时就不用再耗费时间和能量了[①]。

理想最终结果具有以下特点：

（1）保持了原系统的优点。

（2）消除了原系统的不足。

（3）没有使系统变得更复杂。

（4）不会产生新的有害作用。

（5）在正确的时间和空间实施。

（6）所有的工作必须独立开展。

下面举例说明如何定义理想最终结果，并应用理想最终结果得到解决方案。

【例1-7】动物园

（1）问题情境

某动物园的主要收入来源为门票收入，但目前游客减少，导致门票收入少，动物园运行经费紧张。如何才能赚到更多的钱？

（2）理想最终结果

该问题的理想最终结果为钱自己就能“生”出来。

（3）解决方法

主要解决方法就是利用该动物园内的资源。

对动物园而言，最主要的资源就是动物。该动物园有一只黑猩猩，名叫“奇塔”[②]，它出演过电影《人猿泰山》（*Tarzan*），而且喜欢绘画、弹钢琴、看电视、乘坐汽车旅行、散步、看杂志上的图片等。动物园专门为奇塔安排了住所，让它能够专心绘画。奇塔画的每张抽象画都会被动物园签发真实性认证。奇塔的画一经问世，很快就会被抢购一空。卖画销售所得将用于动物园日常运行开支。

---

① Г. С. 阿利赫舒列尔（根里奇·阿奇舒勒）：《创造是一门精密的科学》，吴光威、刘树兰编译，北京：北京航空航天大学出版社，1990 年，第 58 页。

② 奇塔（1931—2011），是全世界最长寿的黑猩猩。20 世纪 30—40 年代，奇塔先后出演了 12 部系列电影《人猿泰山》。

【例1-8】卖鞋

（1）问题情境

一个人带着大量鞋子到一个荒岛上去卖，结果发现那里的人们都不穿鞋子。该怎么办?

（2）理想最终结果

该问题的理想最终结果为岛上的所有人都想买鞋子。

（3）解决方法

主要解决方法就是利用该荒岛上的资源，即荆棘。如果让荆棘布满道路，人们赤脚走路必然会扎脚，这样就没有人赤脚行走了，鞋子也就能卖出去了。

【例1-9】打飞碟

（1）问题情境

用手枪射击飞碟的时候，击中的飞碟碎片会散落在一块很大的区域内，这就需要很多工作人员来清理，成本显著增加。如何解决?

（2）理想最终结果

该问题的理想最终结果为碎片本身会消失。

（3）解决方法

主要解决方法是运用相变这一物理效应，即用冰来制作飞碟，并使用液氮快速冷冻，这样飞碟碎片会自己消失。

五、创意解的产生路径

在介绍理想最终结果的时候，提到了系统发展的一个重要规律，就是所有系统都朝着提高理想度的方向发展。因此在解决实际问题时，可以通过技术系统进化法则中的提高理想度法则来获得解决方案。

在ARIZ中，提高理想度法则可以通过理想最终结果来体现。通过利用管理矛盾（AC）、技术矛盾（TC）、物理矛盾（PC）和理想最终结果（IFR）这几个基本概念，可以准确地描述问题在不同阶段的状态，进而沿着下面的路径得到问题的解（S）:

$$AC \to TC \to IFR \to PC \to S$$

从ARIZ的角度来看，可以按照上面的顺序用AC、TC、PC和IFR精确地描述一个问题：首先，定义AC，即系统产生不良效果和有害作用的问题；其次，确定系统的需求，进而定义TC；最后，就可以认为系统“不复存在”，但保留了有用功能，并且没有有害作用——这其实就是系统发展的IFR。

将实际情况与IFR进行比较，便不难发现实现IFR存在着制约因素。在此基础上，寻找系统中存在相互矛盾的属性，就形成了PC，这个过程就已经精确地表达了问题。如果PC得以解决，或者说PC中相互矛盾的属性得以解决，就可以得到没有缺点的解决方案。

这个路径其实就是典型的应用ARIZ产生创意解决方案的主要路径，本书后面的内容也将以这个路径为主线详细介绍ARIZ。尽管这个路径看起来很简单，但真正应用于实践还需要做大量的工作。阿奇舒勒在《创造是精确的科学》一书中提道：简单的答案有时会被误认为解决过程同样简单，而答案越简单（如果是高水平问题），就越不容易获得。

下面以例1-2为例，按照创意解的产生路径来解决问题。

【例1-2】公交车（续）

回顾TC：为了容纳更多的乘客，公交车需要宽敞，也就是容量更大；然而大容量的公交车很难制造。

IFR：公交车必须容量大且能够制造。

再来回顾PC：公交车（的车厢）需要大，以容纳更多乘客；公交车（的车厢）需要小，以更加灵活机动。

下面通过分离不同属性来解决物理矛盾。

（1）利用空间分离：采用多层结构，即双层或多层公交车。

（2）利用时间分离：使用小型公交车，并在客流量大的时段缩短发车间隔，但这需要确定不同时间段内乘客对公交车的需求量。

（3）利用条件分离：根据乘客数量的多少来决定公交车是否可以“自己改变大小”。

（4）利用系统级别分离：公交车必须像蛇一样灵活，既宽敞又灵活机动。

尽管还没有这种公交车，但这个物理矛盾已经得到了部分解决——大容量铰接公交车，多节公交车厢之间用类似手风琴一样的铰接结构连接。

（5）同时利用系统级别分离和空间分离：双层公交车车厢间通过铰接结构连接。

第二章　ARIZ创新逻辑

一、ARIZ简介

ARIZ是一种基于技术系统进化定律的综合算法，具有结构化、流程化的特点，旨在解决复杂的非标准问题，也就是发明问题。其主要功能是发现、激化和解决矛盾。ARIZ指出了在问题分析的某个步骤之后，如何选择及有效地使用TRIZ工具。作为人脑的一种分析算法（而不是计算机的算法），ARIZ能引导人们从关键问题出发，找到有效和创新的解决方案。ARIZ通过使人们克服思维定式，将初始问题转化为最小问题和最大问题两种形式，并充分发掘所有可用的资源，利用TRIZ的知识库，最终获得IFR——最小问题的答案。与采用传统方法得出的解决方案相比，ARIZ的解决方案更具创新性。除此之外，ARIZ还提供了一些克服思维惯性的方法。

（一）ARIZ 的特点

使用ARIZ是一个“解决方案中立”的过程，也就是说，它将先入为主的解决方案排除在问题陈述之外，从一个假设问题性质未知的位置开始。ARIZ要求人们用全新的眼光来看待问题，从而重新认识所发现的问题。需要注意的是：ARIZ会对一半以上的问题进行重新表述，只有通过这种指导性的重新表述，才能解决复杂的问题。

ARIZ具有以下特点：（1）提出了帮助人们重构问题的流程；（2）具有较强的逻辑和条理；（3）不断地重新诠释问题；（4）指出了解决冲突的主要方法；

（5）通过重构问题让人们以新的视角来看待问题。

（二）ARIZ 的三条主线

尽管ARIZ是一个非常复杂的综合算法，但只要深入研究，便不难发现其中的三条主线。

一是问题不断收敛。就像一个收敛的漏斗一样，把模糊的初始问题转化为清晰的问题模型，只需要解决这个清晰的问题模型，就可以实现项目的目标。

二是资源逐步拓宽。就像一个发散的漏斗，在经过分析后，越来越多的资源不断被识别出来。资源越多，问题被解决的可能性也就越大。

三是体现发展历程。经过几十年的发展，TRIZ本身也在不断进化。而ARIZ的步骤顺序也在一定程度上反映了ARIZ本身的进化史，以及TRIZ工具的历史沿革和发展历程。

如图2-1所示为ARIZ的两条主线。

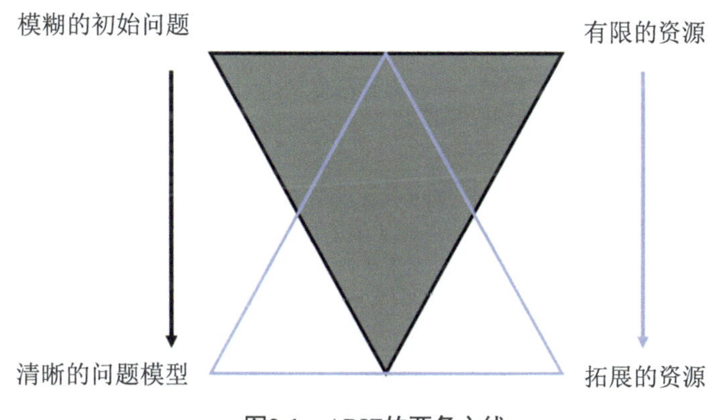

图2-1　ARIZ的两条主线

二、ARIZ的发展历程

阿奇舒勒发布的第一个ARIZ版本是ARIZ-56（1956年），此后逐步修订，又提出了多个版本，例如ARIZ-61、ARIZ-64、ARIZ-71、ARIZ-77、ARIZ-82、ARIZ-85等。而TRIZ真正定名和体系化则是在1970年。可以说，TRIZ是基于

ARIZ的逻辑和工具体系提出的，或者说，先有ARIZ，再有TRIZ。

阿奇舒勒在开发ARIZ的时候，并不允许其他人对ARIZ提出修改；直到ARIZ-85C发布之后，阿奇舒勒才允许后人开发ARIZ的新版本。因此，ARIZ-85C之后的版本都是后人针对ARIZ-85C存在的问题不断补充完善而形成的。阿奇舒勒开发的ARIZ的主要版本及特点如表2-1所示。

表2-1　阿奇舒勒开发的ARIZ的主要版本及特点[①]

版本	部分	步骤数	主要特点
ARIZ-56	3	10	解决问题必须发现和解决矛盾
ARIZ-59	3	15	（1）初步建立问题解决流程； （2）引入IFR； （3）明确在什么条件下可以解决冲突； （4）增加反馈环节（回到初始问题并一般化，相当于向更一般化的任务转化）
ARIZ-61	3	16	（1）新增测试系统被分割为相对独立部分的可能性； （2）此版本可被视为ARIZ的原型，但还不能称为“算法”； （3）其步骤可以重新排序
ARIZ-62	4	16	技术矛盾原型
ARIZ-63	4	18	（1）引入发明原理； （2）第一部分名称从“问题选择”改变为“验证和澄清问题”； （3）将“如何表述和阐明问题”作为目标； （4）删除了发现系统进化趋势并将其与行业和技术整体发展趋势进行比较的内容； （5）删除了“产生创意的评估”内容
ARIZ-64	4	18	（1）与ARIZ-63基本无异，个别步骤名称有变化； （2）增加矛盾矩阵； （3）首次被命名为“发明问题解决算法”
ARIZ-65	4	18	对ARIZ-63/64进行微调
ARIZ-68	5	25	（1）提出克服思维惯性的方法； （2）完善知识库
ARIZ-71	6	35	（1）发明原理、矛盾矩阵和通用参数基本定型； （2）新增“对创意的初步评估”； （3）引入小人法、操作空间、效应、物理矛盾等的原型； （4）应用参数算子克服思维惯性

① https://www.altshuller.ru/triz/ariz-about1.asp。

（续表）

版本	部分	步骤数	主要特点
ARIZ-75 （ARIZ-71B）	6	35	（1）增加系统算子、物质-场变换、物理矛盾等内容； （2）删除技术矛盾的表述
ARIZ-75B （ARIZ-71C）	6	35	（1）完善物理矛盾的定义和发现过程； （2）修改部分步骤的名称
ARIZ-77	7	31	（1）完善冲突对、操作空间的表述； （2）增加分离方法解决物理矛盾； （3）新增根据专利数据检查形式上的新颖性； （4）第六部分调整为“解决方案的发展”； （5）新增第七部分“解决方案的进一步分析”； （6）被诸多TRIZ专家认为是“逻辑链最为清晰的一个版本”
ARIZ-82A	7	34	（1）引入最小问题、X元素、冲突对图示、宏观与微观的物理矛盾、小人法等内容； （2）新增技术矛盾的图形化表示、问题模型中的主要冲突类型、解决物理矛盾的方法
ARIZ-82B		34	对ARIZ-82A进行微调
ARIZ-82C		36	引入激化冲突
ARIZ-82D		37	增加物质-场资源列表
ARIZ-85A	7	38	引入操作时间、IFR-1、IFR-2等内容
ARIZ-85B	8	32	（1）删除第一部分“问题选择”； （2）新增第四部分“调动和使用物质-场资源”； （3）对ARIZ-85A的步骤进行了拆分，在确定技术矛盾和物理矛盾的描述中引入了X元素，增加了相应的注释
ARIZ-85C	9	40	（1）新增第六部分“改变最小问题”； （2）指出冲突不仅可以在空间上考虑，还可以在时间上考虑； （3）进一步澄清了技术矛盾的结构和确定方法； （4）引入了使用场和对场敏感的物质； （5）引入类比问题； （6）对部分步骤顺序进行调整

ARIZ的发展经历了几个阶段，如图2-2所示。

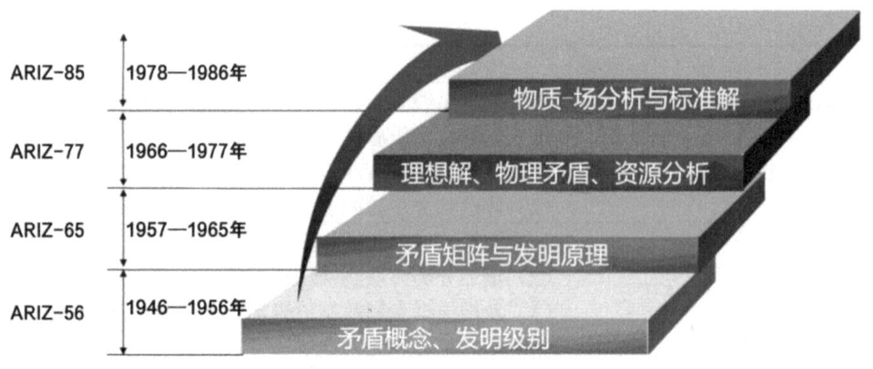

图2-2　ARIZ的发展历程简图

（一）早期阶段

1956年，阿奇舒勒和沙佩罗（R. Shapiro）发表了文章《发明创造心理学》。在这篇文章里，阿奇舒勒提出了第一个ARIZ版本：ARIZ-56。该版本只有3个部分、10个步骤。ARIZ-56的3个部分如下：

（1）分析，包括4个步骤：选择问题、确定问题的主要部分、发现重要冲突、确定冲突产生的原因。

（2）操作，包括2个步骤：研究自然/技术/环境中的典型解决方案、通过改变系统/子系统/超系统来寻找解决方案。

（3）结合，包括4个步骤：（新）功能导致系统改变、（新）功能引起系统方法的变化、检查原理解决其他问题的适应性、解决方案评估（阿奇舒勒等，1956；Semyon D. Savransky，2000）。

作为第一个ARIZ版本，ARIZ-56是以发明家的经验为基础的，明确指出解决问题必须发现和解决技术矛盾。它不是程序，更谈不上算法，主要体现解决问题的步骤。

（二）形成阶段

ARIZ-56的下一个版本是ARIZ-59，在这个版本里引入了IFR的概念，并初步建立了问题解决流程。ARIZ-61和ARIZ-62则是ARIZ-59的改进版本，但仍缺少克服思维惯性的内容。

（三）完善阶段

从ARIZ-63开始，ARIZ自身就开始不断完善，解决问题的流程初步形成。这一阶段的版本也很多，几乎每年都会有新版本问世。ARIZ-63以“如何表述和阐明发明问题”作为目标，并引入最初的发明原理。ARIZ-64应用矛盾矩阵查找发明原理，也正是在这个版本里，“发明问题解决算法”才正式被提出。ARIZ-68则提出了克服思维惯性的方法，完善了知识库。

（四）定型阶段

从ARIZ-71开始，ARIZ逐步从“程序”向“算法”的概念转型，解决问题的步骤也逐步变得更加清晰和合理。例如：ARIZ-71引入了操作空间，提出了物理矛盾的原型，并应用参数算子克服思维惯性；增加了矛盾矩阵和40个发明原理，并在随后扩展了10个补充原理。ARIZ-75是ARIZ-71的发展，在这个版本里，定义了物理矛盾及其发现过程。作为一种算法，ARIZ-75与系统进化定律、物质-场分析、科学效应一样，作为TRIZ的一部分独立使用。ARIZ-77在算法化方面有了很大程度的提升，并提出了案例及注释，增加了对解决方案的发展和分析，与物质-场分析、科学效应等建立起了联系，但在这一版本里仍然保留了矛盾矩阵。直到现在，ARIZ-77仍然被一些TRIZ专家所采用，他们认为这个版本拥有ARIZ历代版本中最成功的逻辑链，并将其推荐给TRIZ新手来学习。ARIZ-82则提出了最小问题、X元素等概念，定义了宏观和微观物理矛盾。在1982年，阿奇舒勒对ARIZ进行了四次大幅修改，先后提出了4个版本（即ARIZ-82A/B/C/D），以增加算法的普遍性。1985年，阿奇舒勒又提出了ARIZ-85，并且一年之内三次改动，其中ARIZ-85C与ARIZ-85A/B相比发生了重大变化：ARIZ-85A提出了IFR-2的概念，而在ARIZ-85C中增加了资源分析、删除了参数算子的内容，进一步加强了算法与标准解和系统进化定律之间的联系。

随着ARIZ的进一步发展，加之更充分、更深入地使用了系统进化定律，ARIZ作为一种算法，其逻辑性逐步得到提升，进一步增强了物理矛盾与其解决方法之间的联系，也增强了其与知识库、标准解之间的联系。因此，未来ARIZ的发展可能会在初始问题识别、发展创造性思维等方向上着力，逐步提高方法应用的普遍性。

三、ARIZ的基本逻辑

TRIZ大师弗拉基米尔·彼得罗夫（2005、2018、2019）对ARIZ的逻辑进行了系统的总结。ARIZ的逻辑可以采用以下方式表述：

在ARIZ中，矛盾的挖掘是有一定的先后次序和逻辑关系的。通过对初始问题进行深入分析，得到相应的关键问题，这个问题可以转化为需求与现实之间存在的矛盾，即管理矛盾（AC）。管理矛盾通常只针对一个需求。

如果有用功能用A表示，有害作用用B表示，则管理矛盾可以用下面两种方式表述：

AC：A 或 anti-B

AC：B 或 anti-A

为了解决这个管理矛盾，对系统某个组件的参数进行改进就能够实现，但与此同时，另一个参数会恶化。这就产生了两个相互矛盾的需求，即技术矛盾（TC）。

技术矛盾与管理矛盾的不同之处在于，技术矛盾有两个相互矛盾的需求。如果将这两个需求用A和B表示，在满足需求A的参数得到改进的同时，满足需求B的参数就会恶化，用anti-B表示。相反，如果B得到了改进，则是以A的恶化为代价（出现了anti-A）的，即

TC：A - anti-B 或 anti-A - B

对一个系统来说，希望达到既能保留有用功能A，又能消除有害作用anti-B的目标，即理想最终结果。

IFR：A，B

为了满足理想最终结果，需要找到一个能够同时满足这两个不同需求的属性。假定存在属性P，可以满足需求B，即消除有害作用；同时，这个属性的另一面anti-P还能满足需求A，即保持有用功能。于是就出现了一个属性能同时满

足两个不同的需求，即物理矛盾（PC）。

$$\text{PC}: P \rightarrow B, \text{anti-}P \rightarrow A$$

如果是更加复杂的发明问题，可以运用因果分析来深入挖掘属性P的原因属性P_1，或者说P_1是导致P形成的属性，从而进一步激化矛盾。可以表示为

$$P_1 \rightarrow P$$

当然还可以继续挖掘导致属性P_{n-1}形成的深层属性P_n，进而找到更深层次的物理矛盾（PC），即

$$\text{PC}_1: P_1 \rightarrow P, \text{anti-}P_1 \rightarrow \text{anti-}P$$

$$\text{PC}_n: P_n \rightarrow P_{n-1}, \text{anti-}P_n \rightarrow \text{anti-}P_{n-1}$$

问题的求解实际上就是解决物理矛盾，通过分离方法将相互矛盾的属性分离开来，可以用一竖线表示，即

$$\begin{array}{lr|l} \text{S:} & P & \text{anti-}P \\ & P_1 & \text{anti-}P_1 \\ & & \vdots \\ & P_n & \text{anti-}P_n \end{array}$$

整个ARIZ的逻辑如图2-3所示。由此可见，确定问题的物理矛盾是ARIZ的核心。当初始问题、技术矛盾、IFR、物理矛盾均被揭示时，就能够将问题精确地表述出来。

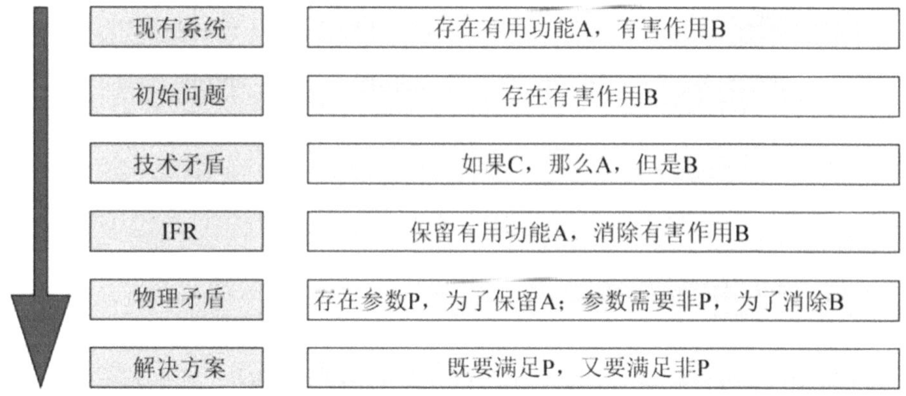

图2-3　ARIZ的逻辑

如果用字母表示，图2-3可描述成如图2-4所示。

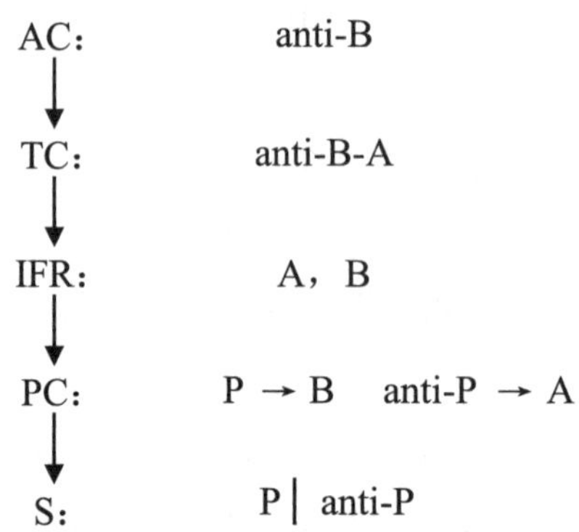

图2-4 ARIZ逻辑的字母表示

这样的一种逻辑关系，可以很清晰地揭示几种不同矛盾之间的内在联系，并且可以用来求解问题，有助于快速产生更多的解决方案，从而提高解决问题的效率。当然，图2-4的逻辑图可以进一步拓展为图2-5。

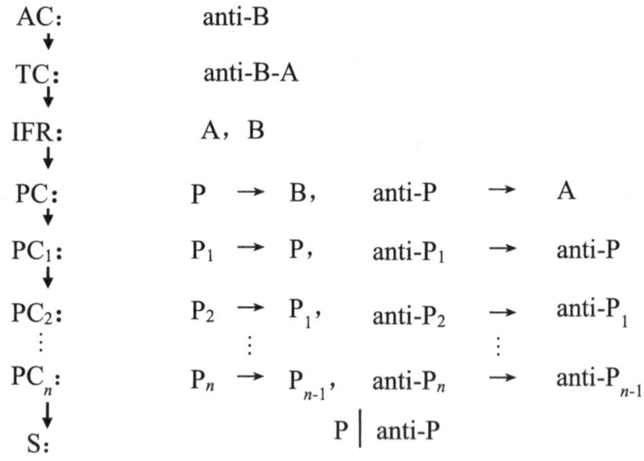

图2-5 ARIZ的逻辑

四、ARIZ逻辑的实践

与使用ARIZ算法本身相比，运用ARIZ逻辑解决问题，具有速度快、效率高的特点，而且可以面向任何领域，不论是技术领域还是非技术领域。实践证明：对于解决非技术领域问题而言，使用ARIZ逻辑同样具有明显的优势。

下面举例说明如何运用ARIZ逻辑解决实际问题。

【例2-1】行李箱

（1）问题情境

旅行时需要用行李箱装东西。如果携带的东西很多，则需要一个很大的行李箱。旅行结束后回到家中，行李箱就需要收起来。如果行李箱很大，就会占用很大空间。该如何解决这一问题？

（2）问题分析

① 管理矛盾（AC）：anti-B

空的行李箱会占用很大空间。其中，“占用很大空间”就是有害作用。

② 技术矛盾（TC）：A - anti-B

行李箱可以装很多旅行所需的物品（A），但不使用时，放在家里会占用很大的空间（anti-B）。

③ 理想最终结果（IFR）：A，B

行李箱不用的时候，在家中不占用空间（B），并且还能装很多旅行所需的物品（A）。

④ 物理矛盾（PC）：P → A，anti-P → B

行李箱必须大（P），以便能存储许多物品（A）；行李箱必须小（anti P），以便在不用的时候不占用空间（B）。行李箱必须既要大又要小。

还可以更进一步描述物理矛盾：行李箱既可以有，也可以没有。

进一步分析技术矛盾和物理矛盾：首先，明确“强制性要求”——行李箱在家里不能占用太大空间。基于此，行李箱在家里放着的时候应该很小甚至没有。

在此基础上选择物理矛盾的属性——行李箱很小甚至没有。此时只是满足了IFR的其中一个要求，那么该如何满足IFR的另一个要求——能装下更多旅行所需的物品呢？

首先，需要明确为什么需要行李箱。需要行李箱是因为在搬家、旅行或外出时需要装东西。明确了这些，就可以解决物理矛盾了。

（3）解决矛盾

① 方法一：时间和系统级别分离

行李箱在运输时要大，在存放时要小。这个矛盾可以通过在不同时间和条件下使行李箱的结构发生改变得到解决。

方案一：可折叠行李箱。

方案二：利用嵌套原理，小行李箱装在大行李箱里面。

② 方法二：条件分离

方案三：利用多用性原理，行李箱在不用的时候，可以将其作为家中的床头柜或是一件家具。

③ 方法三：空间分离

方案四：将行李箱出租给朋友或熟人。

④ 方法四：资源利用

方案五：不使用行李箱，但所有的物品都会被带到所需的位置。

方案六：使用廉价替代品原理，即使用一次性物品。

【例2-2】针眼

（1）问题情境

穿针是一项费力的活。如果针眼比较大，则穿针的时候会很方便，但针眼大也会容易在织物上开个大洞，会损坏衣服。该如何解决？

（2）问题分析

① 管理矛盾（AC）

AC_1：anti-A——针眼小，穿针不方便，此时有害作用就是 “穿针不方便”（anti-A），要求“穿针方便”（A）。

AC_2：anti-B——大眼针在缝制时会损坏织物，此时不良效果就是“损坏织物”（anti-B），要求“不损坏织物”（B）。

② 技术矛盾（TC）

TC_1（anti-A-B）——如果针眼小，织物不会损坏（B），但不方便穿线（anti-A）。

TC_2：（A-anti-B）——如果针眼大，穿针会很方便（A），但容易损坏织物（anti-B）。

③ 理想最终结果（IFR）：A，B

穿针方便（A）且不损坏织物（B）。

④ 物理矛盾（PC）：P → A，anti-P → B

针眼需要大（P），以方便穿线（A）；针眼需要小（anti-P），以免损坏织物（B）。

分析物理矛盾：在这个问题上，两个需求同样重要，这样的分析无法帮助我们解决问题。通过分离冲突属性来解决问题：针眼在什么情况下既要大又要小？这个结构如何变化？进一步分析可知：针眼在穿针引线的时候需要大，在缝衣服的时候需要小。

（3）解决矛盾

① 方法一：系统级别分离

应用发明原理15，即动态性，可以得到方案一：动态变化的针眼。

针10由两根连接的金属线11和12制成，把金属线扭一圈并在端部密封。针尖部分让其变尖。用手向下按针时，就会出现如图2-6（c）所示的针眼。这个方案得到了美国专利授权（美国专利号：3987839），如图2-6所示。

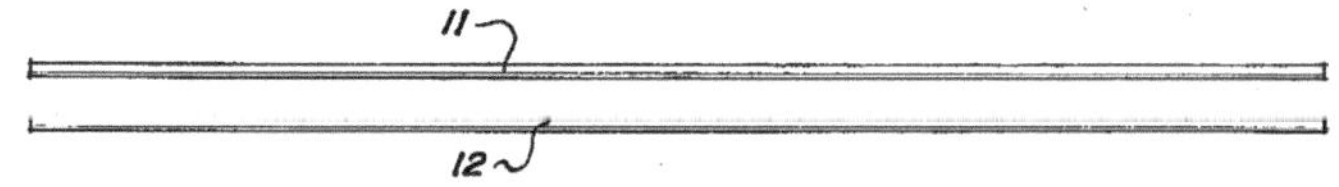

（a）针的两个组件

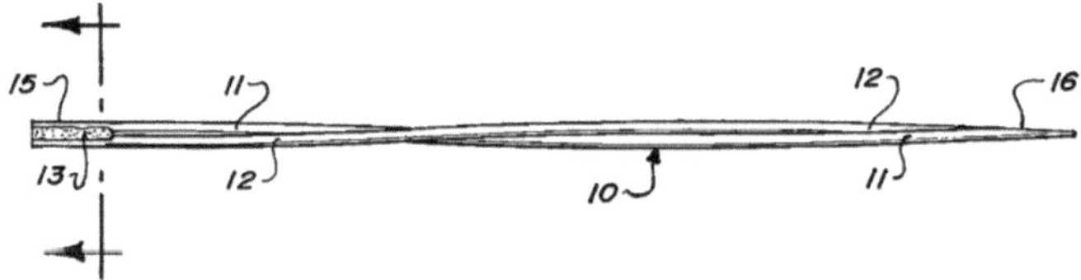

（b）针的外观

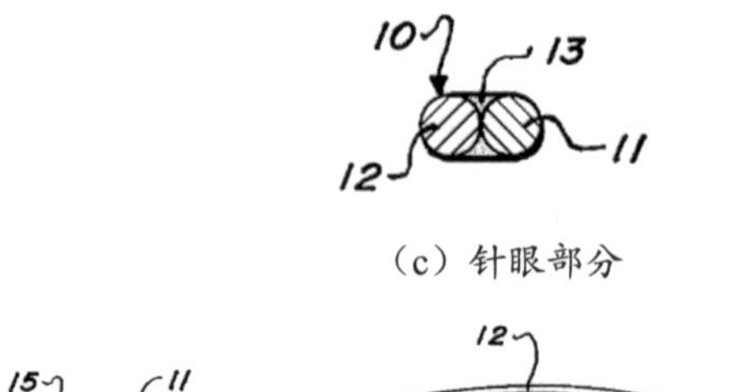

（c）针眼部分

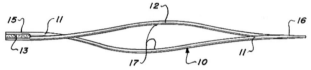

（d）可以撑大针眼的针

10—由两根金属线组成的针；11、12—金属线；13—硬焊料；15—针的钝头；16—针尖；17—针眼

图2-6　针眼可变大小的针

如图2-7所示是现代设计师Woo Moon-Hyung提出的解决方案。在需要穿线的时候，只需沿着针尖的方向挤压针眼，这样可以使针眼变大，以便更容易穿线。穿线完成后，停止挤压即可使针眼恢复原样。

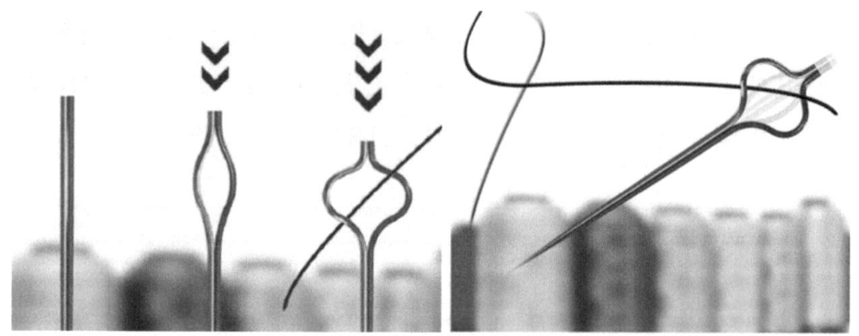

图2-7　可灵活调整针眼大小的针①

② 方法二：空间分离和时间分离

方案二：运用抽取原理，从针头上取下针眼，然后将针眼变大，将线穿过大针眼后，将针眼变小。这样针眼就是动态变化的了。如图2-8所示为该穿线器的三种不同状态，从左到右依次是：产品正视图、刚开始穿线状态、穿完线状态。

① https://www.yankodesign.com/2008/12/16/big-eye-needle/。

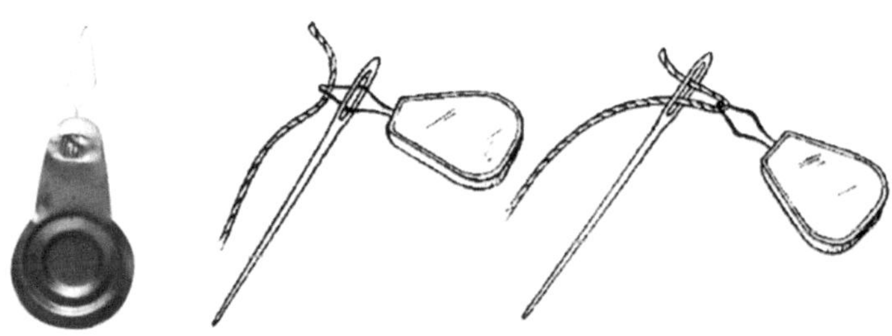

图2-8　穿线器[1]

【例2-3】高层建筑中的电梯

（1）问题情境

在一座写字楼里，员工和访客经常抱怨等电梯的时间很长。写字楼的负责人打算再装一部新电梯，但经过分析后发现，电梯只能放在写字楼外侧，而且安装成本很高。

其中一位写字楼的运营经理知道了这个情况，与他的一位发明家朋友取得了联系。第二天，这位发明家来到这座写字楼实地查看情况，并说他可以解决这一问题。他是如何解决的？

（2）问题分析

① 管理矛盾（AC）：anti-B

装一部新电梯怎样能省钱？这里的有害作用是建造新电梯的成本高（anti-B）。

② 技术矛盾（TC）：A - anti-B

如果装了新电梯，则访客的投诉会大幅减少（A），但建造新电梯的成本高（anti-B）。

③ 理想最终结果（IFR）：A，B

无须花钱就可以装一部新电梯（B），访客也不会再抱怨（A）。

④ 物理矛盾（PC）：P → A，anti-P → B

需要加装电梯（P），以便人们不再抱怨（A）；不能加装电梯（anti-P），以

① В комплект к иголкам можно приобрести и нитковдеватель — приспособление, состоящее из тонкой проволочной петельки, закрепленной на ручке, что особенно пригодится людям со слабым зрением и детям (рис. 2)。

避免高成本（B）。

进一步分析物理矛盾："人们不再抱怨"是强制性要求，但IFR的另一个要求如何满足——零成本还是几乎不花钱？

（3）解决矛盾

这里可以使用资源来解决物理矛盾：选择廉价资源。通常情况下，废弃物和心理效应往往是最廉价的资源。发明家实地查看后发现没有废弃物，于是就利用了心理学的效应解决了这个问题。

心理学有一个现象：在有镜子的地方，人们都会情不自禁地去看镜子里的自己。于是发明家在电梯门旁边放了一面镜子，这样人们在等电梯的时候都有意无意地去看镜子里的自己，达到了分散注意力的目的。

【例2-4】雷达站

（1）问题情境

雷达站通常会有一个面积很大的天线。天线安装在轴上，由于没有驱动器，需要人工旋转。旋转后，使用锁定装置和螺栓连接将天线固定在轴上。将大型天线固定在轴上需要将螺栓拧得非常牢固，但是拧得太紧，会导致轴变形，以后将几乎无法旋转。这一问题该如何解决？

（2）问题分析

① 管理矛盾（AC）：anti-B

需要一个固定组件，但拧得太紧会使轴变形。"轴变形"（anti-B）就是有害作用。

② 技术矛盾（TC）：anti-B-A

如果用一个固定组件，可以固定轴（A），但会导致其变形（anti-B）。

③ 理想最终结果（IFR）：A，B

轴需要被固定住（A），又不会变形（B）。

④ 物理矛盾（PC）：P → A，anti-P → B

固定组件必须很坚硬（P），以便固定住轴（A）；而组件又必须很软（anti-P），以便轴不会变形（B）。

（3）解决矛盾

这个矛盾可以通过改变锁紧固定组件的结构来解决。使轴固定在易熔物质中，该物质在转动时会熔化。首先使轴的底端浮动，然后熔融液体将支撑天线并使其更容易放置在新位置上（苏联发明人证书：470095）。

【例2-5】银行收益下降

（1）问题情境

某地有一家新开业的银行想要进入市场。为了吸引新客户前来这家银行贷款，银行必须降低贷款利率，但这样银行的收益会大幅下降；同时，银行还要拓宽营销渠道来吸引新客户，但这种营销渠道不能保证所有的新客户都会在这家银行贷款。这个问题该如何解决？

（2）问题分析

① 管理矛盾（AC）：anti B

银行收益下降。

② 技术矛盾（TC）：anti-B - A

如果银行降低贷款利率，就会吸引新客户（A），但银行的收益会大幅下降（anti-B）。

③ 理想最终结果（IFR）：A，B

银行无须通过降低贷款利率就能获得新客户（A），同时还能获得高额收益（B）。

④ 物理矛盾（PC）：P → A，anti-P → B

银行要降低贷款利率（P），为了获得新客户（A）；银行不降低贷款利率（anti-P），为了获得高额收益（B）。

（3）解决矛盾

① 方法一：空间分离

让客户自己到银行来，因为他们只能在这家银行获得相应的服务。

② 方法二：时间分离

银行在吸引新客户的营销活动（如降低贷款利率）上只投入一次，之后让客户自己来。

③ 方法三：条件分离

银行提出让客户无法拒绝的条件。

④ 方法四：系统级别分离

银行针对不同客户提供不同的个性化服务，换句话说就是“一人一策”。

五、ARIZ-85C的基本概念

ARIZ-85C是TRIZ的主要组成部分，其目的是以最佳的方式解决问题。该方法还就何时及如何使用合适的TRIZ工具给出了建议。ARIZ-85C是阿奇舒勒开发的最后一个版本，也是目前使用最广泛的一个版本。该版本主要包括解题流程、知识库和克服思维惯性的方法三大主要内容。

（1）ARIZ算法的解题流程基于技术系统进化定律，包括矛盾识别和解决、初始问题分析、拟解决方案的选择、解决方案的分析与评估、开发新的解决方案、解决方案的知识库收集、改进其他问题等一系列步骤。

（2）知识库包括解决发明问题的标准解、科学效应（物理、化学、生物、几何等）、消除矛盾的发明原理、利用自然资源和技术的方法等。

（3）由于ARIZ不是为计算机设计的，并且问题无法自动求解，而是需要人为解决，因此需要采取一些能够帮助人们克服思维惯性、提升解决复杂问题所需的创造力和想象力的方法。很多步骤看似重复无用，实际上却是通过一步步的强化过程，使人们克服了思维惯性。

在介绍ARIZ-85C之前，先就ARIZ-85C的一些基本概念进行介绍。

（一）冲突对

在ARIZ里，首先要明确的是技术系统中存在冲突，该冲突以技术矛盾的形式提出。这个冲突可能在技术系统内部存在，也可能在系统和子系统、系统和超系统之间存在。如果矛盾的相互作用出现在至少两个组件上，就称其为一对冲突对。通常情况下，发明问题里至少会有一对冲突对和技术矛盾。如果确定了一对冲突对和技术矛盾，就可以将发明情境转化为发明问题。冲突对和技术矛盾一起构成问题模型。

冲突对包括两个组成部分：一是系统的主要对象，在ARIZ里被称为产品；二是工具。

（二）产品和工具

产品是技术系统的组成部分，是制造、移动、更改、改进、防止有害影响、检测、监视、测量等一系列作用的对象，需要根据问题进行定义。产品也可以用测量参数表示，例如检测电磁场等。在检测和测量问题中，产品可能是工具的一部分。

工具是与产品直接发生相互作用的组件。例如：信号是工具，而不是生成信号的模块；算法中的一个模块是工具，而不是算法；刀具是工具，而不是整个车床；烙铁的头是工具，而不是烙铁本身；等等。另外，周围环境也可以是工具，如水、雾、温度、压力等对产品的影响。有时候，组装产品的标准件、功能模块、微模块、集成电路制备零件等也可以作为工具。

注意：每个技术系统的子系统都有自己的产品和工具。一个组件究竟是产品还是工具，取决于和谁发生相互作用。例如：车床上的刀具，在与工件发生相互作用时候，刀具就是工具；但在与刀具本身的紧固件发生相互作用时，刀具就是产品。再如，作用在设备组件上的信号通常是工具，但在测量时它就是一种产品。

（三）冲突对的选择

通常情况下，系统的冲突对往往不止一对。要想选择需要解决的冲突对，首先需要确定产品、有害作用和希望在复杂条件下获得的预期结果。有的时候工具的选择并不唯一，特别是从多个工具中选择的时候尤为明显。

冲突对的选择有以下要求：

（1）必须由产品和工具组成。

（2）既要能执行有用功能，还要考虑有害作用或其他不良效果。

（3）基于提高理想度法则，冲突对应该包括产品和直接处理产品的工具。

工具越少越理想。

下面举例说明如何选择冲突对。

【例2-6】样品测试

有这样一个装置，用来测试酸对合金样品表面的影响。该装置有一个密封的金属腔，在腔的底部放一个立方体合金样品。腔内充满腐蚀性液体，同时会产生一定的压力和温度上升。腐蚀性液体不仅会作用于立方体合金样品，还会作用于腔，导致腔腐蚀并迅速损坏。为此，人们需要用昂贵的惰性贵金属来制造腔，以保证腔不会被腐蚀，但这样会导致成本上升。这一问题该如何解决？

在这个问题情境里，管理矛盾是有必要以某种方式降低系统成本，但不知道如何降低。该系统由腔（包括腔体、腔壁）、腐蚀性液体、合金样品三部分组成。如果从中选择冲突对，可能有以下几种情况：

（1）腔—腐蚀性液体。

（2）腔—合金样品。

（3）腐蚀性液体—合金样品。

这三对冲突对当中，只有第一对和第三对存在冲突，第二对中的腔和合金样品之间没有产生有害作用，因此不存在冲突。这两个冲突对就代表这是两个具有不同技术矛盾的发明问题。根据冲突对选择的要求，由于有用功能是测试合金样品，因此产品就是合金样品。此时对应的就是第三个冲突对，即工具为腐蚀性液体。这样的话，问题就变成了腐蚀性液体—合金样品的冲突，解决起来就会简单得多。

（四）操作参数

操作参数（operating parameters，OP）是指为了解决问题而需要改变（或最容易改变）的参数。这些参数可以是系统的组成部分，包括物理量、经济性、美观性、性能等。常见的操作参数包括操作空间和操作时间。

1.操作空间

操作空间（operating zone，OZ）是指发生冲突的空间。操作空间的作用范围既可以很宽又可以很窄：宽到它可以涵盖工具、产品、系统及超系统的一部分甚至周边环境，窄到它只针对工具和产品相互作用的地方。具体需要根据待解决的实际问题确定。

选择宽的还是窄的操作空间，这是一个矛盾。如果操作空间选得很窄，且选择正确，则物理矛盾会被非常准确地表述出来；如果选择不正确，则不会再考虑其他矛盾。如果操作空间选得很宽，那么会始终在冲突区域里徘徊，即使找到了很多的矛盾，但仍然无法识别主要的冲突，也无法准确地表述出来。

在最开始学习ARIZ的时候，建议选择一个较宽的操作空间，然后在不断解决问题的过程中缩小范围。为了不遗漏主要矛盾，可以尝试多次求解这个问题。操作空间必须要有产品和工具。

2.操作时间

操作时间（operating time，OT）是指冲突发生的时间。为了解决冲突，可以使用冲突发生前或冲突发生后的时间，最好是使用冲突发生前的时间，这样就可以避免冲突，也无须浪费时间和费用来解决冲突。

（五）物质-场资源

物质-场资源（substance-field resources， SFR）是ARIZ里非常重要的一个概念，是在问题情境中已经存在或可以很容易获得的物质和场。在ARIZ实践中，物质-场资源的概念反复出现并使用。

物质-场资源根据其存在的位置，可以分为以下三种类型：

（1）系统（内部）资源，包括工具资源和产品资源。

（2）可用（外部）资源，其又可以分为两种，一种是对于特定问题情境下的环境中的资源，例如对于“利用光学原理清除液体中的小颗粒”这一问题，水可以作为物质-场资源；另一种是在所有环境中都很常见的资源，例如重力场、磁场等，这类资源还可以称为通用资源。

（3）超系统资源，包括废弃物资源和数量巨大、成本可以被忽略的廉价资源等。

这三种资源类型的定名是阿奇舒勒在ARIZ-85C中的原始表达，但部分学者认为，这三个分类名称表述不够严谨。如果力求严谨，可以将其表述为：冲突对资源（系统内OZ内）、其他系统资源（系统内OZ外）和超系统资源。本书为了与主流TRIZ出版物保持一致，避免带来混淆，仍然采用阿奇舒勒的定名，相关建议供读者参考。

在识别物质-场资源的时候，通常需要完成一个资源列表，如表2-2所示。当然，这个表格只是一个参考格式，在使用时一定不要被表格的要求和格式束缚住，进而产生新的思维惯性。自己在一张白纸上想起什么列什么都可以。而且即便使用这个表格样式找资源，也不要严格拘泥于表格的内容，无须过度考虑资源放在哪个格里更合适，先把所有可能的资源都找出来，最后再慢慢调整。

表2-2　物质-场资源列表

物质-场资源	物质	场
1 系统（内部）资源		
1.1 工具（……）	……	……
1.2 产品（……）	……	……
2 可用（外部）资源（……）		
2.1 环境中的资源（……）	……	……
2.1.1 工具（……）	……	……
2.1.2 产品（……）	……	……
2.1.3 工具与产品的结合（……）	……	……
2.2 通用资源	空气、水等	重力场、磁场等
3 超系统		
3.1（……）	……	……
3.2（……）	……	……
……（……）	……	……
4 废弃物资源（……）	……	……
5 廉价资源（……）	……	……

当解决最小问题时，倾向于首先使用系统内部资源。如果进一步开发创新解和预测系统未来的发展方向，则需要充分考虑各种资源。这里特别需要注意

的是产品资源。由于产品不可更改，故在解决最小问题时，更改产品往往是不切实际的，但是产品可能会发生以下几种变化：

（1）产品自身发生改变。

（2）当产品不受限制时（例如风），可允许局部更改。

（3）向超系统转化（例如不改变砖块，但可以改变由砖块盖起来的房子）。

（4）使用微观结构。

（5）与“虚空”结合。

（6）允许临时修改。

因此，只有当产品可以轻而易举地进行“无须修改”的修改时，才能被视为物质-场资源，当然这种情况只是极少数。

物质-场资源是解决问题的可用资源，在解决问题时应优先使用。当可用资源不足时，再考虑引入其他物质或场。

以上总结了ARIZ的几个基本概念，其余的概念将在ARIZ各部分内容中展开介绍。

六、ARIZ-85C的基本结构

阿奇舒勒提出的ARIZ-85C文本一共包括九大部分、四十个步骤、十一条实施规则，以及四十四条评论、七个注意事项、两个附录和五个案例，其总体结构如图2-9所示。

与之前的版本相比，ARIZ-85C的内容、步骤更多，但每一步之间的差距都不是很大，甚至还有重复。阿奇舒勒对此解释说：这样的改进就和“上楼梯”的思路一样，最开始台阶数量少，每个台阶的高度都设计得比较高，人们迈步上台阶会比较吃力。在总体高度一样的情况下，为了让更多的人方便使用，就降低了每个台阶的高度，相应地台阶数量也就增加了，人们迈的步子也就相应变小了，达到同样的高度也会更加容易。

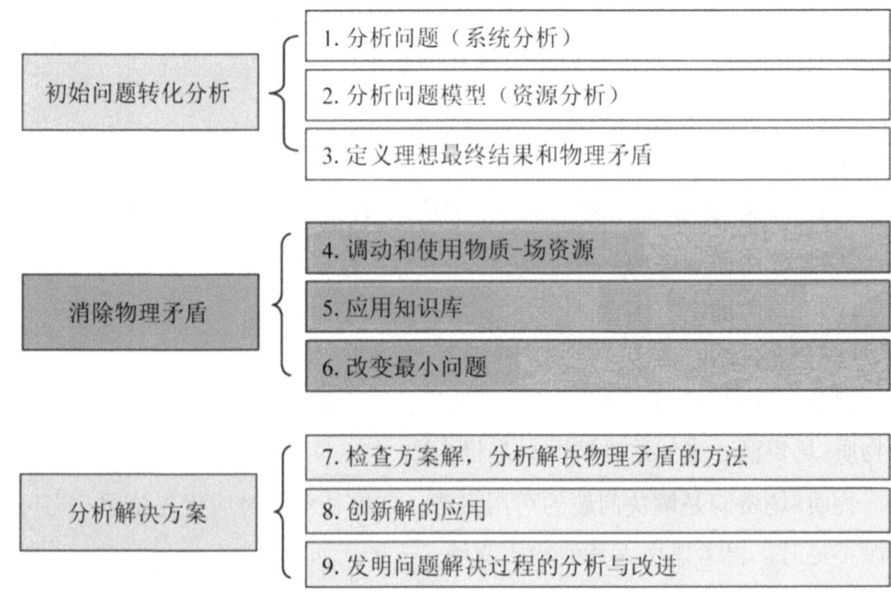

图2-9　ARIZ-85C的总体结构

ARIZ-85C的九大部分可以分为三大模块：第一个模块包括第一、二、三部分，主要用来分析问题；第二个模块包括第四、五、六部分，用来解决问题；第三个模块包括最后三个部分，用于分析所得到的解决方案，以便对其进行开发并提高实施的可能性。第三个模块其实是由一系列结构化的问题组成的，理解起来很容易，只要回答了相应的问题就不难分析现有的解决方案。第二个模块也相对简单一些，只要学习过经典TRIZ，即使没有学过ARIZ也可以掌握，因为这里包括了TRIZ的大多数工具和知识库，比如物质-场模型、标准解、解决矛盾的方法、科学效应、创造性想象的技法等。相对来说，第一个模块是ARIZ里理解起来难度较大的，因为这部分需要构建问题模型并寻找资源，其难度甚至不亚于学习整个TRIZ（В.Б.Крячко，2003）[①]。

弗拉基米尔·彼得罗夫（2019）给出了ARIZ-85C九大部分之间的关系，如图2-10所示。

---

① https://triz-summit.ru/triz/history/300029/matriz-2003/300348/300412/。

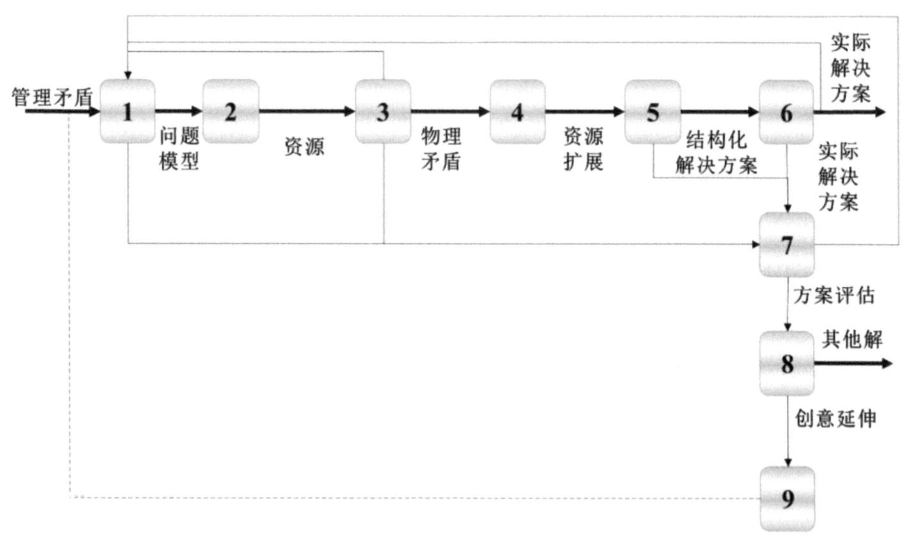

图2-10　ARIZ-85C九大部分关系图

如果将其用文字进行描述，可以简要表述为：AC—TC_1—TC_2—选择TC—激化TC′—IFR-1—加强IFR-1—宏观PC—微观PC—IFR-2—解决方案。

ARIZ-85C的第一部分反映了从发明情境向发明问题转化的过程，实际上很多使用经典TRIZ工具解决问题的流程和逻辑也都源于此。由于人们通常不会提供具体的问题，而是提供较为模糊的发明情境，因此在第一部分开始之前，首先需要定义问题，然后才能将发明情境转化为管理矛盾。通常发明情境包含几个管理矛盾，用公式表示为

$$IS=f(AC_1,\ AC_2,\ \cdots,\ AC_n)$$

随着TRIZ的不断发展，功能分析、因果分析、裁剪等新的问题分析工具被添加到TRIZ体系中来，人们可以使用一系列问题分析工具来实现从发明情境到发明问题的转化及管理矛盾的选择。

ARIZ的第一部分主要是从发明情境转化为发明问题模型，这个模型表现为系统的两个元素（冲突对里的工具和产品）及其之间的技术矛盾（TC）。在第一部分的最后，该模型以物质-场模型的形式呈现，并使用标准解来解决这个问题。当得到解决方案后，可以直接转到第七部分。当然，即使解决方案能够满足要求，也可以继续沿着ARIZ的第二部分继续解决问题，这样就有可能

得到更多、更好的解决方案。

ARIZ-85C的第二部分则会进一步缩小问题模型的范围，使问题更加收敛。该部分定义了操作参数、操作空间、操作时间和物质-场资源，这些都属于资源的范畴。

ARIZ-85C的第三部分确定了理想最终结果和物理矛盾。需要注意的是：定义物理矛盾时，应关注是否遵循了ARIZ的逻辑，如果没有，则需要返回到第一部分并修改问题模型。另外，尝试使用标准解来获得结构化解决方案。如果找到了解决方案，可以直接进入第七部分，当然也可以继续前进到第四部分解决问题。

ARIZ-85C的第四部分，先是运用小人法进行建模，并从IFR后退一步。然后使用第二部分中确定的物质-场资源，以提供更多、更好的解决方案。

ARIZ-85C的第五部分旨在通过应用知识库来解决物理矛盾，包括应用标准解、问题类比、科学效应等。如果找到了解决方案，就直接进入第七部分；如果没有，则继续进入第六部分。

ARIZ-85C的第六部分是改变最小问题，其主要目标是转向实际解决方案。如果使用ARIZ-85C前五部分还没得到解决方案，建议返回到第一部分，重新构建技术矛盾并解决问题。如果在这种情况下仍然没有得到解决方案，则需要选择另一个管理矛盾来重新定义问题模型。

ARIZ-85C的第七部分主要是方案解的评估，即通过分析所得到的解决方案，确定其在特定条件下的适用性。通常可以采用与IFR比较的方法进行评估，与IFR的接近程度决定了所得解的质量。如果可以接受解决方案，则需要通过知识库（专利数据库、文献库等）来检查解决方案的新颖性，并识别利用方案产生的创意在实施过程中可能会出现的子问题，这些子问题也被称为次级问题。之后进入第八部分开发解决方案，并在第九部分评估解决问题的流程。如果无法接受这个方案，建议返回到第一部分，重新制定问题模型。

ARIZ-85C的第八部分主要输出的是创意的延伸以及其他的解决方案。解决方案的应用主要是与超系统结合、拓展解决方向——将得到的解决方案用于其他系统执行其他功能，将得到的解决方案应用于解决新的问题。

ARIZ-85C第九部分的目标是提高ARIZ的使用技能并进一步改善ARIZ本身，通过将所有ARIZ步骤与解决发明问题的理想过程相比较来完成，也就是对解决问题的流程进行评估。当得到解决方案后，很容易就能想象出解决方案的理想过程。将实际解决方案与理想解决方案进行比较时，会很容易发现解决方案中的错误和不准确之处。这时需要仔细了解产生错误的原因并记录下来，在解决其他问题时将其考虑进来。通过这样一种分析和改进的过程，解决方案将变得更加有效和快捷。

当然，ARIZ本身还有很多不完善的地方，第九部分通过收集在使用ARIZ时产生的一些错误，并进行系统化分析，以消除ARIZ的缺点，使ARIZ逐步得以改善。阿奇舒勒在世的时候，有很多人写信给他，反映ARIZ使用过程中存在的问题，但自从阿奇舒勒逝世以后，随着TRIZ的发展，很多专家开始基于新工具和新方法，开发了多个ARIZ的新版本，但基本上没有突破ARIZ-85C的逻辑和结构。

第三章　ARIZ创新逻辑步骤

ARIZ的作用更多的是启发思考，而不是替代思考。换句话说，ARIZ是一种辅助思考的工具，不能代替思考。并且ARIZ是解决非标准问题的算法，如果是标准问题，则无须使用ARIZ。因此读者在使用ARIZ解决问题的时候，先不要着急，在阅读本书的基础上，全面透彻地想一想每个步骤的内容及其内在逻辑，避免在解决问题的时候出现逻辑错误。使用ARIZ-85C解决问题时，解决方案的形成过程是渐进式的，如果稍微有一点想法，或是看到了解决方案的“蛛丝马迹”就中断解题流程，这样会产生较大的风险，甚至可能会发现自己一直在修正一个“半成品式”的创意，所以一定要坚持完成ARIZ-85C的解题流程。

使用ARIZ-85C解题的流程如图3-1所示。

一、准备工作：问题情境分析

这部分内容在ARIZ-85C之前的版本中有所涉及，但在ARIZ-85C当中已被删除。这也就意味着ARIZ-85C成了真正的问题解决工具。随着TRIZ的不断发展，大量新的分析工具被纳入TRIZ体系当中，因此问题选择部分可以通过现代TRIZ的一些新工具，以及功能分析、金鱼法等来协助完成。

尽管如此，阿奇舒勒在ARIZ-85A及其之前的版本中还是提到了一些问题选择的方法，并将其单独作为算法的一部分。实际上，这一部分相当于是正式使用ARIZ解决问题前的准备工作，其目的是将发明情境转化为发明问题。如果有多个发明问题，通常情况下会选择一个进入后面的程序。

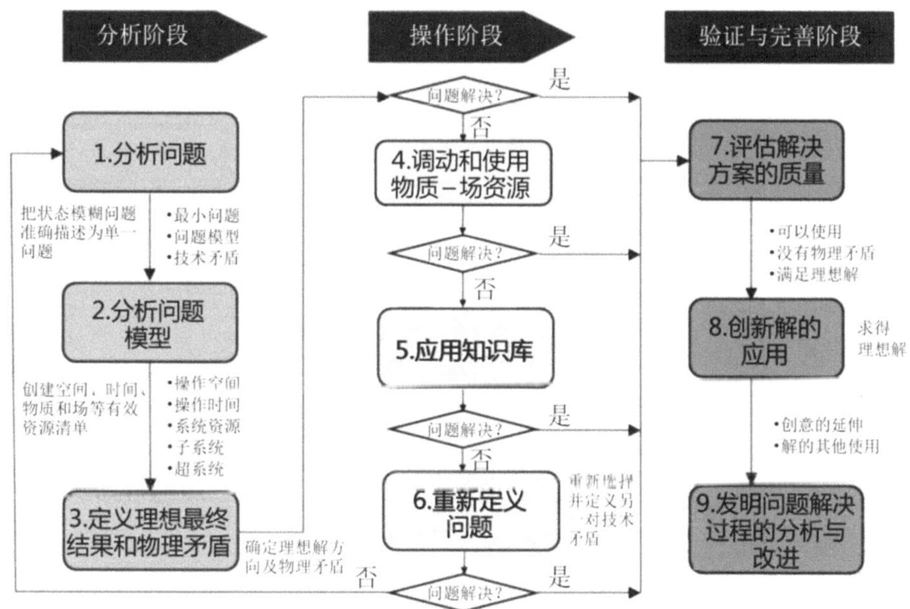

图3-1 使用ARIZ-85C解决问题的流程

基于上述内容，为了与ARIZ-85C的各步骤区分开来，本章将这部分内容称为ARIZ-85C的“第〇部分”，相当于是开始使用ARIZ前通过引入一些限制，将发明情境转化为特定的发明问题，阿奇舒勒将这个发明问题称为“初始问题”。之所以称之为“初始问题”，是因为这个问题是ARIZ的起点，并不是真正意义上的“初始问题”，换句话说，这个问题不是人们一开始就看到的问题，而是经过一系列分析之后得到的需要解决的管理矛盾。

“第〇部分”包括九个步骤，如图3-2所示。其主要目标有两个：一是收集拟解决问题的信息，包括背景技术、工作原理、现有工作基础、为解决该问题所进行的各项尝试、实施解决方案所需时间等；二是确定允许更改的地方及其限制因素，包括不能改变的特性和参数、可接受的成本费用等（Dmitry Kucharavy，2006）。

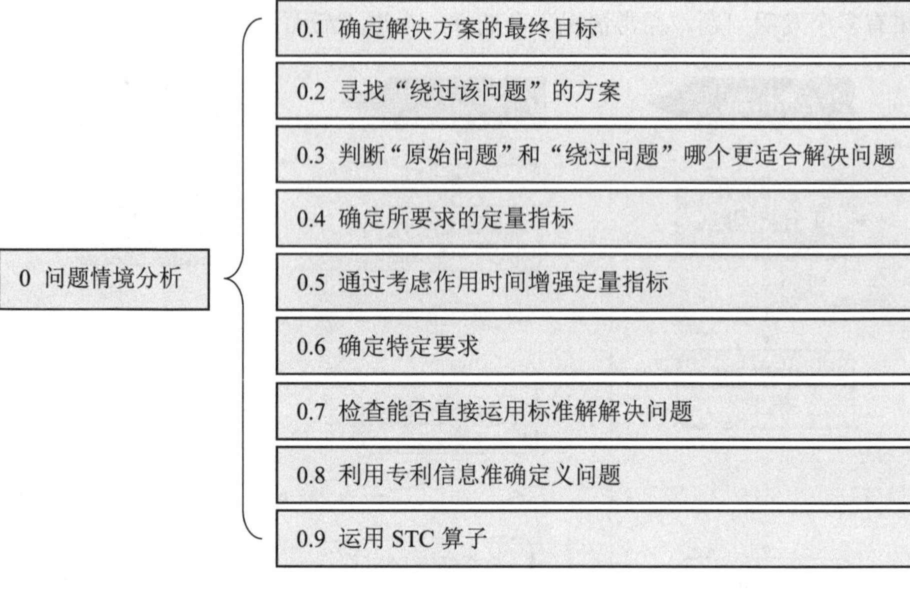

图3-2　ARIZ-85C第〇部分的结构

（一）步骤 0.1：确定解决方案的最终目标

这个步骤需要确定以下五方面内容：（1）哪些地方必须更改。（2）哪些地方不能更改。（3）在解决问题的基础上能节省多少费用。（4）解决问题可接受的费用是多少？（5）需要改进的特性和参数有哪些？其中“哪些地方必须更改”可以看作项目实施的目标。

（二）步骤 0.2：寻找“绕过该问题”的方案

该步骤就是设想如果这个问题无法解决，还有没有其他更一般的问题能够解决，以达到解决问题的目的。该步骤的本质就是换个方式看问题，寻找能否通过解决别的问题来解决这个问题，找到的新问题必须更容易求解，解决了新问题，定义的问题自然也就迎刃而解了。有的学派也将其看作解决物理矛盾的一种方式。

“绕过该问题”，既可以在超系统层面重新提出问题，也可以在子系统层面重新定义问题，当然还可以将所需的行为或属性替换为相反的行为或属性，重新定义系统、子系统、超系统三个层次，相当于九屏幕法的应用。

（三）步骤 0.3：判断“原始问题”和“绕过问题”哪个更适合解决问题

这一步主要考虑两个方面：一是客观因素，即当前系统进化处于哪个状态；二是主观因素，即需要解决最小问题还是最大问题。

这里又出现了以下两个新概念：

（1）最小问题，其解决方案是在对现有系统作最小改动的基础上得到的。

（2）最大问题，即为了得到解决方案，允许对系统进行最大幅度的更改，也就是只保留功能。

下面举例说明什么是最小问题和最大问题。

【例3-1】铆接

现在需要通过铆钉连接两块平板。如果铆钉变形足够大，平板就能很好地固定，但不能作为连接件使用。如果铆钉变形不够，平板仍可以活动，则不能有效固定。如何制造铆接接头？

最小问题：铆接接头形成牢固的连接。接头的移动性是由铆钉接头来实现的。

最大问题：两块平板之间建立移动连接，没有必要使用铆接连接的原理。换句话说，只要两块平板之间实现可移动的连接即可，至于是否采用铆接并不重要，因为能解决这个问题的方案很多，铆接只是其中之一。这就相当于只保留功能，不考虑其他。

通过例3-1不难发现，最小问题产生的解决方案更加容易实施，而最大问题产生的解决方案难以实施。因此，最小问题的解决方案通常作为短期实施方案，而最大问题的解决方案往往用于中长期发展战略和研发的概念方案设计。通常情况下，人们在解决问题的时候会将现实问题转化为最小问题，并同步收集可能的与最大问题方向相关的信息。

（四）步骤 0.4：确定所要求的定量指标

（五）步骤 0.5：通过考虑作用时间增强定量指标

步骤0.4和步骤0.5这两个步骤比较容易理解，此处不作详细阐述。

（六）步骤 0.6：确定特定要求

这里主要确定产品生产的特定条件、复杂程度能否接受，以及该项目未来应用的规模等。

（七）步骤 0.7：检查能否直接运用标准解解决问题

如果能够直接运用标准解解决问题，则进入项目实施阶段；如果不能，则转向步骤0.8。

（八）步骤 0.8：利用专利信息准确定义问题

首先查找现有专利文献中是否有类似问题的解决方法，如果没有，则可以了解类似问题在其领域内是如何解决的。另外还需要考虑如何解决相反问题。

（九）步骤 0.9：运用 STC 算子

人们对事物的感知与诸如尺寸（size）、时间（time）和成本（cost）之类的参数紧密相关。这种对物体的空间参数和时间参数等的习惯性想象会产生一种思维惯性，应用参数算子就是要克服思维惯性。

阿奇舒勒提出了尺寸-时间-成本（size-time-cost，STC）算子的概念，其基本思想是将系统的尺寸、时间、成本等参数从给定变为非常小（直到没有）和非常大（甚至无穷大），通过观察系统的变化，再尝试寻找定性解决问题的临界点，或是这种情境下对象“行为”发生了哪些质的变化。这样可以更加清楚地总结出从量变到质变的规律。

STC算子是一个序列化的心理试验，用来帮助人们克服对物体或过程的传统意象。尽管它无法给出一个准确的答案，但通过STC算子会产生若干创意，帮助人们克服分析问题时的思维惯性。STC算子分析表如表3-1所示。

表3-1 STC算子分析表

		更改对象或过程	变化问题的解决方案
尺寸	$s\to0$		
	$s\to\infty$		
时间	$t\to0$		
	$t\to\infty$		
成本	$c\to0$		
	$c\to\infty$		

下面举例说明STC算子的应用（表3-2）。

【例3-2】苹果树

表3-2 苹果树摘果问题算子分析表

		更改对象或过程	变化问题的解决方案
尺寸	$s\to0$	苹果树的高度→0	无须爬高即可摘苹果：种植矮苹果树
	$s\to\infty$	苹果树的高度→∞	修建通往苹果树顶部的梯子：将苹果树的树冠修剪成梯子形状，人们可以爬上去摘苹果
时间	$t\to0$	收获时间→0	同一时间收完所有苹果：轻微爆破
	$t\to\infty$	收获时间→∞	任其自己掉落，只需在树下增加一个保护垫之类的物体，让苹果掉下来完好无损即可
成本	$c\to0$	摘苹果的成本→0	摇晃苹果树，让苹果自己掉下来
	$c\to\infty$	摘苹果的成本→∞	使用先进的、智能化的摘果机

资料来源：赵敏，史晓凌，段海波：《TRIZ入门及实践》，北京：科学出版社，2009年。

在完成上述九个步骤之后，接下来开始正式进入ARIZ-85C的内容。当然，也可以使用其他问题分析工具得到初始问题，也就是第一章介绍的管理矛盾。

二、第一部分：分析问题

ARIZ-85C第一部分的目标是从模糊的发明情境转换为结构清晰、简单的问题模型，其核心是管理矛盾向技术矛盾的转化。该部分包括七个步骤，如图3-3所示。其输入是初始问题（即管理矛盾），输出是问题模型。

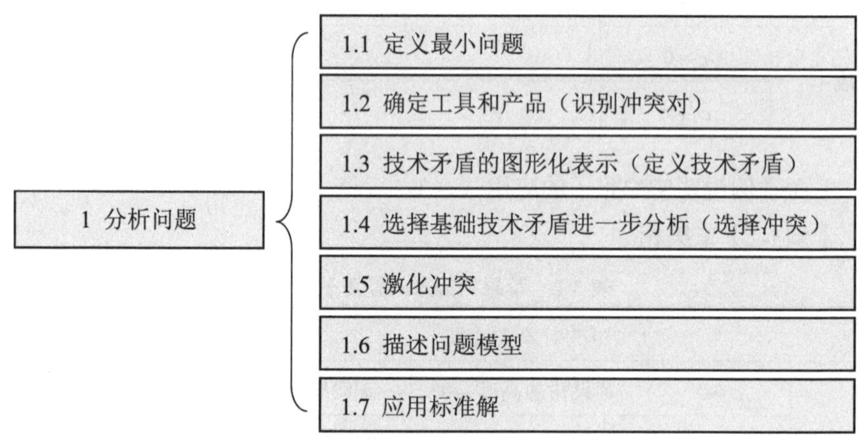

图3-3 ARIZ-85C第一部分的结构

第一部分可以说是ARIZ-85C逻辑性最强的部分之一，它以“算法”的形式描述了用于识别问题模型的详细步骤，前一步的输入作为后一步的输出，因此第一部分更像是以“填空题”的方式完成的。

ARIZ-85C第一部分的基本逻辑如图3-4所示。

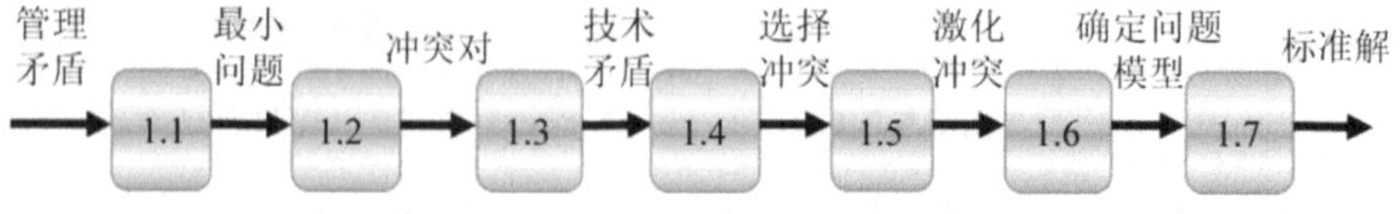

图3-4 ARIZ-85C第一部分的基本逻辑

通常情况下，发明情境当中有多个管理矛盾，在解决时只需要选择一个管理矛盾作为ARIZ的初始问题。

使用ARIZ-85C解决问题的特点是激化冲突，而不是减少冲突。这样做是为了防止人们寻找折中方案，即放弃某些引起冲突的需求。激化冲突容易识别更深层次的原因，进而得到技术矛盾。

ARIZ-85C的特征是逐渐缩小系统中问题的分析范围。最初需要从问题的不同角度来考虑发明情境。接下来，选择一个方向并定义其所包含的组件，形成冲突的管理矛盾。然后仅选择两个与工具的两个状态冲突的组件作为冲突对。通过选择能提供有用功能的工具，并从一对组件转化为单个组件，进一步缩小问题分析的范围。这个组件可以称为“X元素”[①]，它可以是系统中的任何变化，包括物质的变化和场的变化。

需要注意的是：如果选择工具两个状态中的其中一个，后续的各个步骤就不再考虑另一个状态，在解决问题的整个过程中，工具自始至终都保持在该状态下，以确保在该状态下的有用功能也是在另一种状态下所固有的。当然，如果重新分析工具的其他状态并再次运用ARIZ-85C分析，往往会很有帮助。

下面逐一介绍ARIZ-85C第一部分的七个步骤。

（一）步骤 1.1：定义最小问题

解决最小问题的主要目的就是不改变（或最小改变）现有系统，使得现有系统保持不变或简化，但必须消除有害作用（系统缺陷），或系统必须具有新的、必需的有用功能。这样在解决最小问题时，需要引入“没有任何修改即可得到解决方案”的限制要求。从初始问题向最小问题的转化，并不意味着真正地解决了最小问题，恰恰相反，在这种情况下，冲突会进一步加剧，并初步消除了妥协、折中的途径。

在定义最小问题时，不建议使用专业术语，最好作一般化表述，即执行更为一般化的功能。其目的是消除由这些术语强加给人们的思维惯性。因为如果使用专业词汇来表述的话，会导致出现以下问题：

（1）将工具的一些“旧有概念”强加于人。例如：破冰船能破冰，但在

① 部分中文文献也将其称为“X 因子”。

不破冰的情况下，破冰船也是可以穿过冰层的，因此，破冰船的主要功能并不是破冰，而是在覆盖冰层的水面上移动货物。如果硬要用“破冰船”来表述，会减少很多的解空间。

（2）可能会隐藏在初始问题中描述的系统组成部分的某些属性。例如：建筑用的模子材料不仅仅是普通的“墙”，还有可能是“铁墙”。再比如：废气会让人们想到这种气体没有用处，实际上废气的余热往往是可以循环利用的，如果使用“废气”来表述，就会让人们忽略掉“气体带有热量”这一属性。

（3）缩小物质可能状态的范围。例如：“油漆”一词更多地会让人联想到它是一种液态物质，当然这是传统意义上的，实际上，油漆也可以是气态的。

这一点务必请初学者注意，在使用ARIZ-85C的时候，一定要用简单的、非专业的，甚至儿童能够表达的词汇来描述，避免使用专业词汇。

步骤1.1包括以下四个子步骤：

（1）步骤1.1.1：确定系统的主要功能。需要注意的是：对于测量问题而言，主功能有时很难定义，更多的是整个测量系统的主功能，而不是系统中的测量部分。例如：需要测量产出的电灯内部的压力，其主功能应该是产出电灯，而不是测量压力。

（2）步骤1.1.2：确定系统组件。这一步主要是确定系统的主要组成部分，以列表形式给出，不仅包括技术组件，还包括与技术组件发生相互作用的自然组件。

（3）步骤1.1.3：确定有害作用（系统缺陷）。确定有害作用可以通过构建技术矛盾的形式实现。前面提到技术矛盾的表述可以采取“如果……那么……但是……”的形式。对于同一个技术矛盾来说，“那么”和“但是”是“如果”同时上升或下降需要改变的参数。对于ARIZ而言，首先确定第一个技术矛盾，用TC_1表示。对于TC_1而言，首先需要确定的就是“那么……”，因为“那么”后面的内容就是可以实现步骤1.1.1确定的系统的主要功能。确定了“那么……”之后，接下来就可以确定“如果……”，因为“如果”后面的内容是为实现步骤1.1.1的主要功能所采用的手段。“如果”和“那么”都确定了，最后就是确定“但是……”，其后面的内容就是有害作用或系统缺陷。

除此之外，还有第二个技术矛盾，用TC_2表示。同样，也是采用“如果……那么……但是……”的形式表述。和TC_1一样，首先需要确定的就是“那么……”，因为“那么”后面的内容就是TC_1“但是”的反面。确定了“那么……”之后，与TC_1的确定顺序不同，这里要先确定“但是……”，因为“如果”后面的内容是TC_1“那么”的反面。“那么”和“但是”都确定了，最后就是确定“如果……”，其后面的内容就是TC_1“如果”的反面。

由此分析可以看出，有害作用或系统缺陷是根据挖掘两个技术矛盾得到的。当然也可以直接给出有害作用或系统缺陷。

由前文可知，技术矛盾的确定其实是有先后顺序的。首先确定“那么……”，即拟提高的参数或性能；然后确定“如果……”，即一种实现“那么……”的方法；最后确定“但是……”，即导致参数或性能下降的问题及缺陷。对于同一个技术矛盾来说，“那么”通常是不变的，“如果”和“但是”可以变换。实现“那么”可以有很多个不同的“如果”，每一个不同的“如果”则会对应不同的“但是”，因此可以说“但是”是基于“如果”来的。换句话说，实现系统主要功能的方法不止一个，每次只选用一个即可。选择一个方法所导致的恶化的内容不同，具体恶化什么是由实现系统主要功能的方法决定的。

当然，如果确定了“那么”，又找到了“如果”之后，没有发现“但是”，那么这个问题相应地也就解决了，技术矛盾自然就不存在了。

（4）步骤1.1.4：预期结果。预期结果是指通过对系统进行最小的更改即可获得的结果。通常可以用以下方式表述：在对系统改动最小的情况下，同时满足TC_1和TC_2，也就是同时满足TC_1和TC_2的“那么”。

经过这四个子步骤，一个完整的“最小问题”就定义完成了，可以按照下述格式进行描述：

一个用于实现<u> 1.1.1 </u>主要功能的系统包括<u> 系统组成1.1.2 </u>。

技术矛盾1：如果……，那么……，但是……。

技术矛盾2：如果……，那么……，但是……。

有必要在对系统进行最小改动的情况下，<u>达到预期效果1.1.4</u>。

步骤1.1的逻辑结构如图3-5所示。

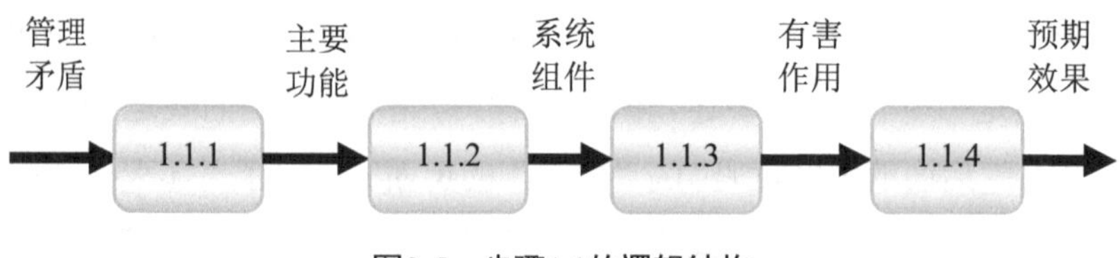

图3-5 步骤1.1的逻辑结构

（二）步骤 1.2：确定工具和产品（识别冲突对）

冲突对的概念在前文已有详细介绍，通过在步骤1.2中识别产品和工具，进而完成冲突对的识别。在识别冲突对之前，首先需要定义工具和产品，其主要规则有以下两个：

（1）规则1：如果一个工具可以根据问题情境具有两种状态，则必须同时指定两种状态。

（2）规则2：如果问题里有一对组件同时发生两种相互作用，那么只需要这一对即可。

通常希望能够为工具限定两种状态，例如：大—小、强—弱、便宜—昂贵、快—慢等等。如果很难确定工具的另一种状态，可以人为地提出一种特殊的状态或仅用工具的这一种状态来解决问题。

在识别冲突对时，建议不仅要注意有害作用，而且还要注意步骤1.1.4中提到的预期结果和主要功能。

一个冲突对通常情况下包括两个或三个组件，但不会超过三个。例如：两个工具或一个工具同时兼具两种状态，也有一个或两个工具作用于同一个产品的情形。例如：两个不同工具必须同时作用于一个产品，此时一种工具会干扰另一种工具；两种产品需要由一种或同样的工具来作用，此时一种产品会干扰另一种产品，或者工具对一种产品的作用很好，而对另一种产品的作用却很差。在项目实践中，冲突对多见于一个工具与一个产品，或一个工具与两个产品的情形，而两个工具与一个产品的情形比较少。如果冲突对超过三个组件，那就说明冲突对的描述有问题，需要重新识别。

步骤1.2包括以下三个子步骤：

（1）步骤1.2.1：确定产品，实际上就是步骤1.1.1的功能对象。

（2）步骤1.2.2：确定工具，即直接作用于产品的对象。这里工具只与TC_1和TC_2有关，矛盾提到了谁，谁就是工具。

（3）步骤1.2.3：确定工具的两个状态。

① 状态1：工具在TC_1的状态，其实就是TC_1中的“如果”；

② 状态2：工具在TC_2的状态，其实就是TC_2中的“如果”。

步骤1.2的逻辑结构如图3-6所示。

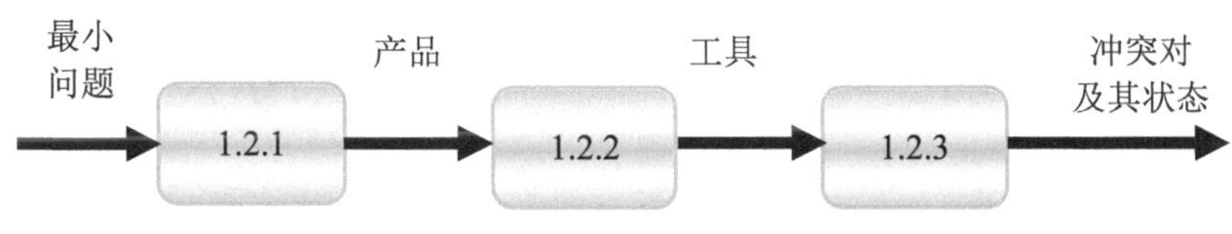

图3-6　步骤1.2的逻辑结构

（三）步骤 1.3：技术矛盾的图形化表示（定义技术矛盾）

步骤1.3主要是为工具的不同状态制定技术矛盾。首先选择其中一种状态，说明哪些是好的，哪些是坏的，然后再分析另外一种状态的情形。同时，对工具的每种状态进行图形化表示，如图3-7所示。有的TRIZ专家将这种图形化表示称为“眼睛图”，认为这两个图好比是人的两只眼睛，不同的作用好比是上眼皮和下眼皮，“耳朵”相当于工具及产品所处的状态。要想看得更清楚，就需要挡住一只眼睛，这样才能“一目了然”，因此在后面分析的时候只能选择一个矛盾。

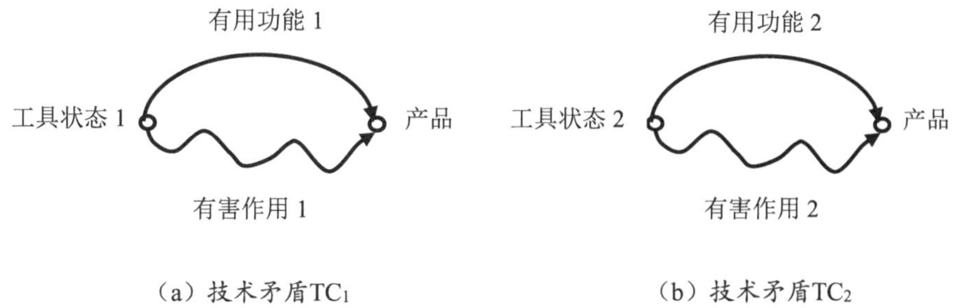

（a）技术矛盾TC_1　　（b）技术矛盾TC_2

图3-7　技术矛盾的图形化表示

在将技术矛盾进行图形化表示时，通常用实线表示有用功能，用虚线表示有用但不足的作用，用波浪线表示有害作用，用带叉的波浪线表示不会造成有害作用的作用。

实际上，TC_1和TC_2这两个矛盾对应的问题完全不同，画图时需要注意文字和图形的对应性。如果它们彼此不相关，则需要重新定义矛盾，并相应修改图形。对于一个工具、一个产品的冲突对，则两个技术矛盾的图形化表示如图3-8所示。

图3-8　一个工具、一个产品的技术矛盾图形化表示

如果冲突对是一个工具和两个产品，则两个技术矛盾的图形化表示如图3-9所示。

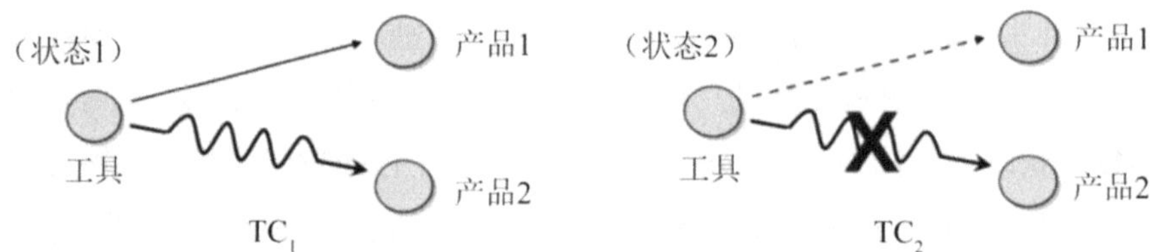

图3-9　一个工具、两个产品的技术矛盾图形化表示

如果冲突对是两个工具和一个产品，则两个技术矛盾的图形化表示如图3-10所示。这种情形比较少见。

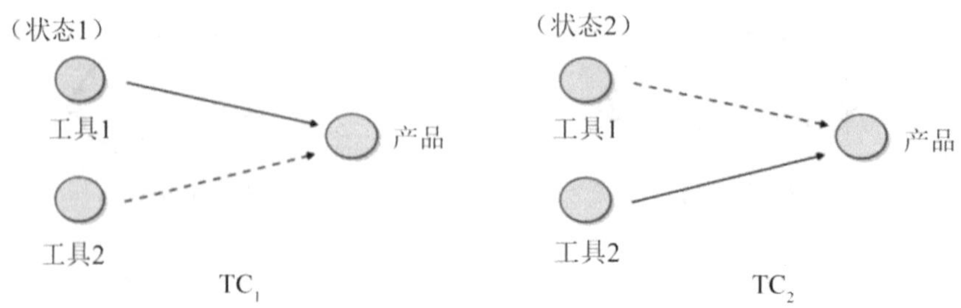

图3-10　两个工具、一个产品的技术矛盾图形化表示

阿奇舒勒在ARIZ-85C的文本当中提到了九种典型技术矛盾的图形化表示，并给出了示例，如表3-3所示。

表3-3　典型技术矛盾的图形化表示

图示	矛盾
 A B	反向作用： A对B有有用功能（平箭头），但在某些时候会出现B对A的有害作用（波浪箭头）。 有必要消除有害作用，保留有用功能
 A B	共轭作用： A对B有有用功能的同时会对B产生有害作用（例如：对于不同状态，作用可能是有用的，也可能是有害的）。 有必要消除有害作用，保留有用功能
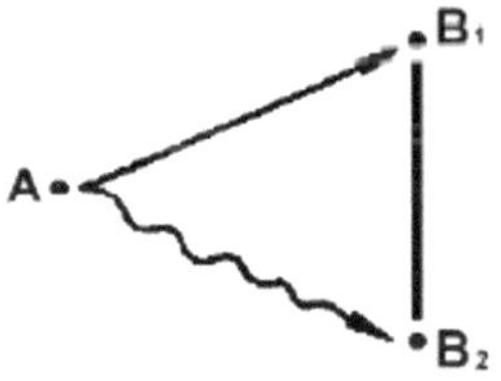 A B_1 B_2	共轭作用： A对B的一部分产生有用功能，对B的另一部分产生有害作用。 有必要消除对B_2的有害作用，保留对B_1的有用功能
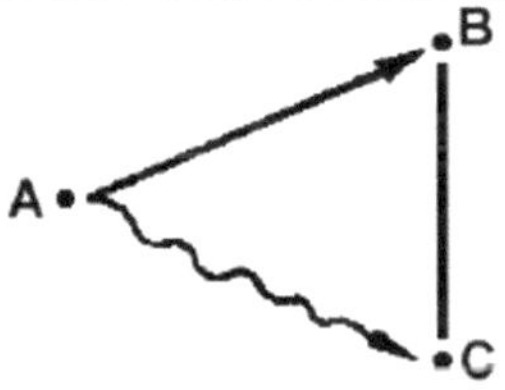 A B C	共轭作用： A、B、C作为同一系统的不同组成部分，A对B有有用功能，A对C有有害作用。 有必要消除有害作用，并在不破坏系统的情况下保留有用功能
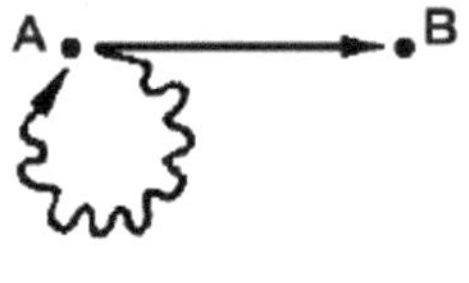 A B	共轭作用： A对B的有用功能会对A本身产生有害作用（如增加A的复杂性）。 有必要消除有害作用，保留有用功能
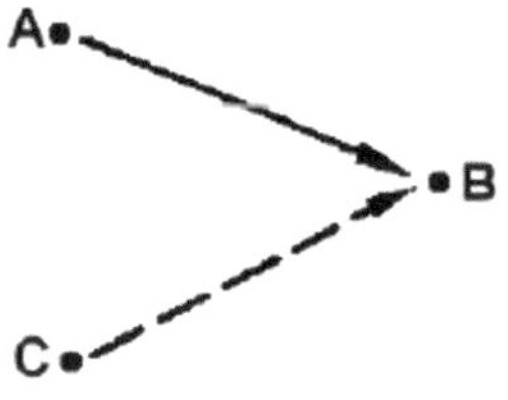 A B C	不相容作用： A对B的有用功能与C对B的有用功能不相容（例如：治疗与测量不相容）。 有必要在不改变A对B的有用功能的情况下，提供C对B的作用

（续表）

图示	矛盾
A → B（实线弧）；A - - → B（虚线弧） A - - - - → B - - - - → B	不足作用或未作用： A对B有有用功能，但需要两个作用；或者A根本没有对B发生作用（虚线）；有时A不存在。 有必要改变B，但不清楚如何实现。 有必要用最简单的A与B发生作用
A ——→ B （波浪虚线箭头）	“无声的沉默”： 没有关于A、B或A与B之间相互作用的信息。 有必要获取所需的信息
A —·—·—·—→ B	无序（尤其是过度）作用： A与B之间的相互作用是不可控的（如恒定），但需要可控的作用（如可变）。 有必要使A对B的作用可控（虚线）

如果工具的两个状态是相反的，那么相应的技术矛盾表述也应该是相反的，即一种状态下的有用功能在另一状态下应该是有害作用，反之亦然。

对某些问题来说，只给出了产品，但没有明确给出工具，因此也就不存在明显的技术矛盾。在这个情况下，通过有条件地考虑产品的两个状态来获得技术矛盾，尽管其中一个是不可能实现的。例3-3就说明了这种情形。

【例 3-3】观察颗粒

人们用肉眼观察悬浮在纯净液体中的颗粒，液体看起来是透明的。如果颗粒太小，光线是否会绕过它们？

TC_1：如果颗粒很小，则液体看起来是透明的，但肉眼无法观察到颗粒。

TC_2：如果颗粒很大，则可以观察到颗粒，但是液体看起来不再透明，这种情况是不可以的。

根据问题的情况，似乎有意排除了对TC_2的考虑，因为产品是不能更改的。在分析问题的时候的确只会考虑使用TC_1，但TC_2会对产品提出额外的要求，例如：小颗粒既要保持颗粒微小又必须大，等等。

步骤1.3包括以下三个子步骤：

（1）步骤1.3.1：在状态1下定义TC_1，用文字、图形描述。

（2）步骤1.3.2：在状态2下定义TC_2，用文字、图形描述。

（3）步骤1.3.3：验证步骤1.3.1和步骤1.3.2的正确性。在完成技术矛盾的定义及图形化表示之后，需要检查冲突对与技术矛盾的相关性。如果不相关，则需要回到步骤1.2，更正冲突对或技术矛盾。

步骤1.3的逻辑结构如图3-11所示。

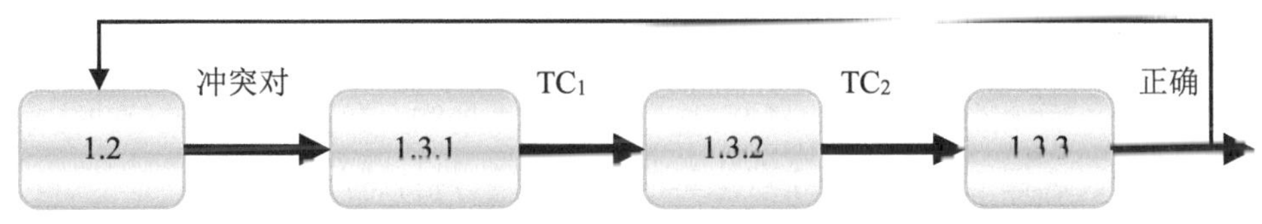

图3-11　步骤1.3的逻辑结构

当步骤1.3完成之后，不难发现，仅仅从步骤1.1到步骤1.3这三个步骤就可以挖掘出五个问题模型来，其中：有两个技术矛盾TC_1和TC_2，这是在步骤1.1就已经找到的；有两个物质-场模型，即TC_1工具对产品的有害作用，TC_2工具对产品的不足作用，这在步骤1.7中会有详细描述；此外，还暗含着一个物理矛盾，相当于TC_1和TC_2的两个“如果”，代表一个参数相反的两个状态。需要注意的是：在ARIZ-85C里，步骤1.3根本没有涉及物理矛盾，这个暗含着的物理矛盾是后人挖掘出来的，而且属于“表面”层级的，ARIZ-85C也不解决这个物理矛盾。如果冲突对有三个组件，是可以在步骤1.3中发现那个暗含着的物理矛盾的。

（四）步骤 1.4：选择基础技术矛盾进一步分析（选择冲突）

步骤1.4选择最能使系统主要功能按照步骤1.1.1执行的那个冲突，即良好地执行主功能的那个冲突。包括以下三个子步骤：

（1）步骤1.4.1：阐明系统的主要功能。这个主要功能其实可以在步骤1.1.1确定。或者在执行步骤1.1—1.3的过程中不断明确，并且需要对主要功能进行微小（但可能很重要）的改进。通常情况下，主要功能发生根本变化会导致出现新问题，因此建议开始先分析初始问题，然后再继续解决新问题。

（2）步骤1.4.2：从步骤1.3所述的两个技术矛盾（TC_1和TC_2）中选择一个技术矛盾，使其与主要功能相对应。通常情况下选择TC_1，然后描述TC_1的“如果……，那么……，但是……”。

（3）步骤1.4.3：明确所选冲突中工具的状态，并画图表示。此时的工具可以认为是TC_1“如果”的主语，产品则是步骤1.1.1中的功能对象，即TC_1“那么”的功能对象。在此基础上图形化表示所选的TC_1，其实就和步骤1.3中的TC_1图示是相同的。

当选择好了一个技术矛盾的时候，实际上也就选择了工具的两个对立状态中的一个，后续的解决方案必须与这一状态一直挂钩。在获得问题的解决方案之后，建议选择工具的另一个状态再次进行问题分析，有可能获得其他的解决方案。

步骤1.4的逻辑结构如图3-12所示。

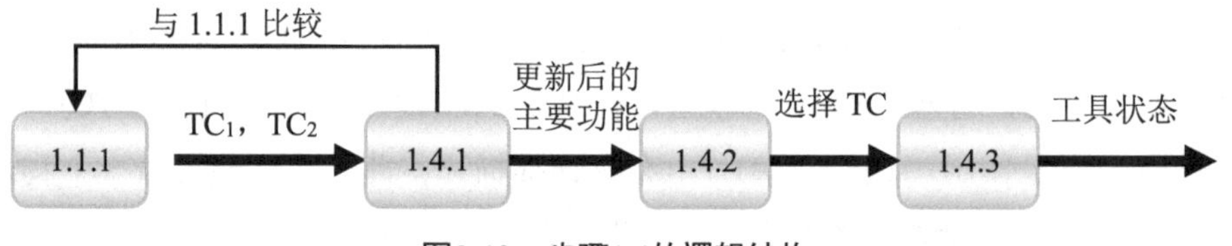

图3-12　步骤1.4的逻辑结构

当选择了一个技术矛盾之后，可以在此步骤对该技术矛盾进行消除。阿奇舒勒认为，解决的方法有很多种，例如可以应用发明原理、效应库、专利库等。应用发明原理解决矛盾非常简单，就是通过矛盾矩阵查找相应的发明原理即可，这也是经典TRIZ最基本的工具之一。效应库则是将TC_1的“但是……”转化为“如何消除有害作用或使其充分作用”，进而应用效应库解决该问题。应用专利库则是在其他领域寻找解决矛盾的方法。随着TRIZ的不断发展，该方法正在逐渐被现代TRIZ开发的新工具——功能导向搜索（function oriented search，FOS）所取代。

（五）步骤 1.5：激化冲突

步骤1.5是ARIZ-85C新增的内容之一，旨在通过使工具的状态达到极限，并相应地增强相反的作用来实现冲突的激化，其作用就是消除思维惯性。这个步骤的逻辑结构非常简单，其输入是步骤1.4选择的冲突TC_1，输出是激化冲突TC_1'。通过这种方式，确保有用功能100%得以实现，同时也得到了100%的有害作用。

在激化冲突的时候，有一个规则需要注意，即规则3：大多数问题包含大量组件—少量组件，强组件—弱组件等冲突。对于“少量组件”的冲突，可以将其转换为“没有组件”，即使组件为0来实现激化。

ARIZ-85C的主要目标是消除有害作用。冲突经过激化后，有用功能执行得已经完美无缺了，保留就可以了，即清楚了如何最大限度地实现有用功能。通常情况下，人们会寻求折中方案：将其中一个稍微改善一点，另一个稍微恶化一点，用这种方式消除步骤1.4中提到的矛盾，此时只能再次返回到初始状态。为了不背离ARIZ-85C的逻辑并且不“返回”，可以通过明确工具的极限状态来激化冲突。步骤1.5就满足了这个要求，消除了人们的思维惯性，断绝了人们希望“折中再折中、优化再优化”的想法。

步骤1.5包括以下两个子步骤：

（1）步骤1.5.1：激化TC_1，并重新表述技术矛盾。TC_1'可以用以下方式表述：

如果工具足够……（大/多到无穷大，小/少到0），那么100%/完全实现有用功能，但是有害作用会完全释放。

（2）步骤1.5.2：确定TC_1'的产品和工具。

产品：步骤1.4中“那么”对应的功能对象。

工具：TC_1'的主语。

激化冲突确定后，之后所有的步骤都将围绕步骤1.5得到的激化冲突TC_1'来进行，也就是后面要解决的冲突是激化后的TC_1'，而不是TC_1。步骤1.5的逻辑结构如图3-13所示。

图 3-13　步骤 1.5 的逻辑结构

（六）步骤 1.6：描述问题模型

步骤1.6包括以下三个子步骤：

（1）步骤1.6.1：确定冲突对。

（2）步骤1.6.2：定义激化冲突。

步骤1.6.1和1.6.2实际上就是前面步骤的重复，其目的就是进一步消除人们的思维惯性。当然也可以在步骤1.5完成之后直接进入步骤1.6.3。

（3）步骤1.6.3：引入X元素。为了解决问题，有必要引入X元素。该元素既能避免有害作用发生或消除有害作用（步骤1.5中TC_1'中的“但是”），又能保留有用功能（步骤1.5中TC_1'中的“那么”），同时系统改变最小。

引入的“X元素”究竟是什么？其实“X元素”是一种虚构的抽象成分，有助于避免有害作用发生或消除有害作用。“X元素”可以是任何事物，可以是系统、子系统或超系统及其部分组件，也可以是参数、属性、特性等，还可以是系统或环境中某些部分的变化（如温度变化、相态变化）等。

需要注意的是：X元素不能替换工具，并且不能干扰工具执行有用功能。因此，对X元素提出了两个要求：

① 消除有害作用。

② 不能干扰正在执行有用功能的工具。

X元素的作用是消除有害作用，而对于有用功能只需要保留即可。因为有用功能已经执行得很好了，不再需要X元素去发挥作用。这一点也是初学者容易出现错误的地方，需要注意。

在完成步骤1.6之后，可以返回到步骤1.1，以检查ARIZ-85C的逻辑是否适用于问题模型。该过程有助于明确所有步骤，并建立更准确的问题模型。

步骤1.6的逻辑结构如图3-14所示。

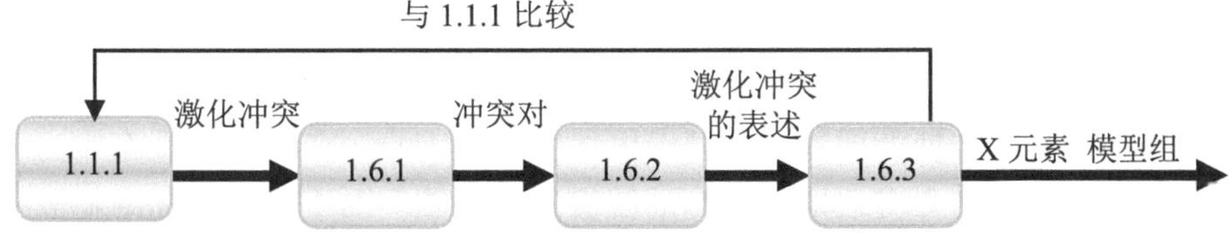

图3-14　步骤1.6的逻辑结构

（七）步骤 1.7：应用标准解

ARIZ-85C第一部分的最后一个步骤1.7是建立问题的物质-场模型，并检查应用标准解的可能性。通过物质-场分析，可以得到解决方案。这一步骤也是在ARIZ-85C中第一次应用标准解。

如果从算法逻辑上看，步骤1.7并不是从步骤1.6导出来的，与步骤1.6没有直接关系，也就是说，步骤1.6不是步骤1.7的输入，并且应用标准解也不是为了解决具体的某个矛盾。实际上，步骤1.7就是应用标准解来解决步骤1.3挖掘出来的两个物质-场模型。

步骤1.7的逻辑结构如图3-15所示。

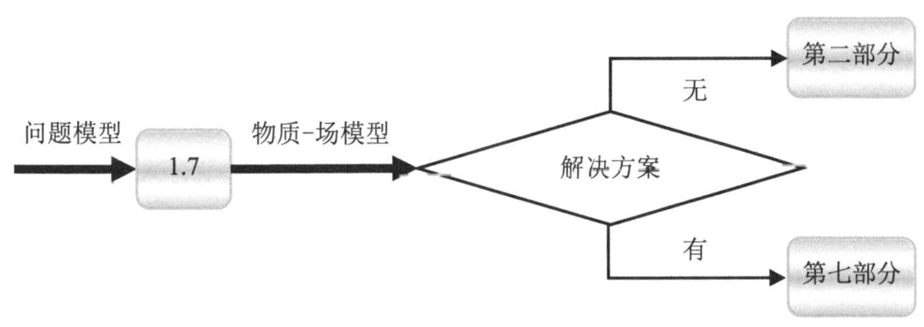

图3-15　步骤1.7的逻辑结构

第一部分给出的问题模型其实就是冲突对和技术矛盾的组合，而冲突对又包含工具和产品。技术矛盾的“如果”就是实现系统主要功能的手段，“那么”就是系统的主要功能，“但是”就是使用“如果”里面的技术手段所导致的恶化结果，可以用如下表达式来表达：

$$问题模型=f（工具，产品，技术矛盾）$$

也就是说，只要确定了工具、产品和技术矛盾（包括“如果”“那么”“但是”），第一部分就顺利完成了，其他步骤在此基础上可以“顺理成章”地进行。这样，一个非标准问题的“标准特征”就被工具、产品、技术矛盾等逐一揭示出来。这为更有效地应用标准解提供了可能，而不是应用标准解去解决初始问题。

如果第一部分已经产生了解决方案，可以直接跳到第七部分。当然也可以继续进入第二部分分析，因为有可能获得其他的解决方案。

接下来对ARIZ-85C第一部分的底层逻辑进行探讨。

阿奇舒勒认为第一部分其实就是技术矛盾和物质-场模型，使用该部分的目的就是通过寻找所有可能的方式引导人们重塑问题。这一部分的核心是建立两个技术矛盾，并以图形化的方式表示出来；而图形化表示的技术矛盾很容易转化为两个物质-场模型，这两个模型分别代表工具的两种状态；工具的两种状态实际上就是两个技术矛盾的“如果”；这两个“如果”又能够挖掘出一个暗含着的物理矛盾，而且进一步挖掘还可以发现TC_1的“那么”本身对应的就是系统的主要功能。对于“如何实现系统主要功能”这个问题，可以考虑应用科学效应或功能导向搜索，这部分内容将在步骤5.4和步骤8.3中作进一步介绍。这样一来，第一部分除了技术矛盾和物质-场模型之外，还可以挖掘出物理矛盾和基于知识库实现功能的工具。由此不难发现，这个思路和流程与在不用ARIZ-85C的情况下仅使用单独的经典TRIZ工具解决问题没有太大区别。TRIZ使用者（特别是初学者）面对分析后的问题通常都会选择使用技术矛盾、标准解、物理矛盾等工具中的一个或多个来获得创意解决方案。由此可以认为：大部分利用TRIZ解决问题的过程可以看作重复ARIZ-85C第一部分的思维逻辑，只是人们并没有刻意去关注罢了。换句话说，人们使用经典TRIZ解决一般问题的时候，都是在有意无意地使用ARIZ-85C的第一部分，而且很多问题在ARIZ-85C的第一部分就已经解决了。

可能有的读者会提出这样的问题：为什么ARIZ-85C第一部分没有涉及物理矛盾？如果一上来就挖掘出了物理矛盾，直接求解这个物理矛盾岂不是更有效？这是一个非常好的问题。从ARIZ的发展历程来看，阿奇舒勒对ARIZ框架的调整不是一朝一夕形成的，从1956—1985年历经多个版本。最开始的ARIZ版本里是没有物理矛盾的，其就是通过先找技术矛盾，然后增加标准解，经过问题不断收敛、资源不断发散的过程，按照ARIZ固有的逻辑寻求更深层次的物理矛盾，而不是一上来就去找物理矛盾。第一部分挖掘出来的这个物理矛盾本身就是表面化的，不是深层次的，而ARIZ-85C关注的则是更深层次的物理矛盾，因此对于这个物理矛盾而言，自然就没有必要去关注或解决。另外，阿奇舒勒本人也曾经考虑过在第一部分用矛盾矩阵去解决技术矛盾、用标准解去构建物质-场模型，甚至也曾经考虑过在第一部分解决那个暗含着的物理矛盾，但在ARIZ-85C正式提出的时候却仅保留了应用标准解。

三、第二部分：分析问题模型

ARIZ-85C的第二部分通过定义操作参数，进而识别系统中可以用来解决问题的资源。在第二部分中，通过考虑X元素的操作空间、操作时间和在操作空间内的部分物质-场资源来定义操作参数，这些操作参数中的任何一个都可以作为资源。该部分包括三个步骤，如图3-16所示。该部分的输入是问题模型，输出是各种资源。

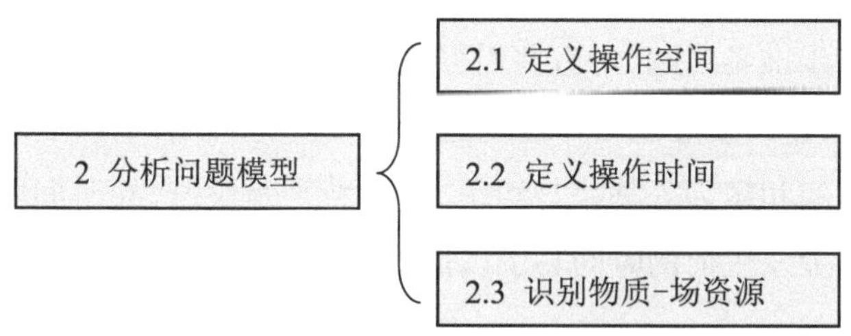

图3-16　ARIZ-85C第二部分的结构

ARIZ-85C第二部分的基本逻辑如图3-17所示。

第二部分将问题模型进一步缩小范围，并从系统、环境和超系统当中寻找资源，从而扩大分析问题的视角，实现了范围“收敛”与资源“发散”的有机统一。

图3-17　ARIZ-85C第二部分的基本逻辑

第二部分提到了操作空间、操作时间、物质-场资源的概念，这些概念在本书第二章有详细介绍，这里不再赘述。这里主要介绍第二部分三个步骤使用时的注意事项。

（一）步骤 2.1：定义操作空间

操作空间（OZ）即发生冲突的空间，是已更改组件的一部分，其中包括引起冲突的相互矛盾的需求。简单来说，操作空间就是问题模型中冲突出现的空间。

操作空间可以部分或全部位于产品的表面或内部，当然如果冲突发生在更大的空间，则需要进一步扩大该区域的范围。从几何学的角度讲，操作空间可以包括所有的可变成分，是分布在整个空间中的组成部分。

（二）步骤 2.2：定义操作时间

如图3-18所示，操作时间（OT）包括冲突发生的时间T_1和冲突发生前的时间T_2（也叫初步准备时间），有些时候也会考虑冲突结束后的时间T_3（也叫纠正冲突时间）。建议最好使用冲突发生前的时间T_2，这样有可能避免出现冲突，也无须投入时间和精力去解决与纠正冲突。特别是快速、短时间内发生的冲突，通常可以在冲突发生前的时间T_2予以消除或避免。

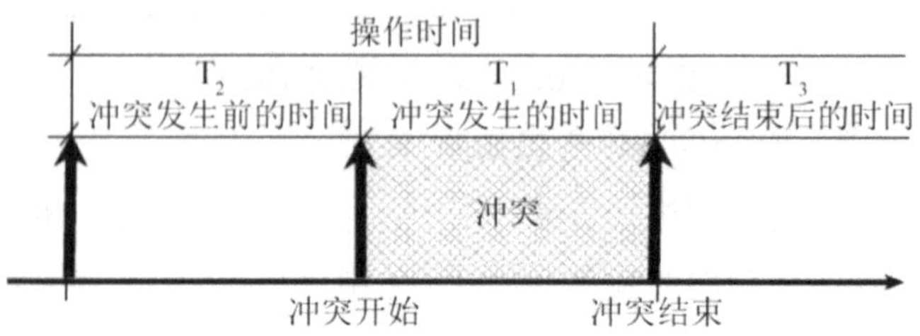

图3-18　操作时间的定义

随着对ARIZ研究与实践的不断深入，部分专家认为，这种对OZ和OT定义的方式操作性较差，因此对其进行了调整。下面介绍GEN-TRIZ[①]对OZ和OT的重新定义。

（1）对OZ的重新定义

① OZ_1：在激化冲突中，有用功能的作用区域。

② OZ_2：在激化冲突中，有害作用的作用区域。

如图3-19所示，OZ_1和OZ_2如果没有交叉，可以表示为$OZ_1 \neq OZ_2$，进而考虑用空间分离解决问题；但二者如果在任一位置有交叉，哪怕只有一个点有交叉，就可以表示为$OZ_1=OZ_2$，此时无法使用空间分离解决问题。

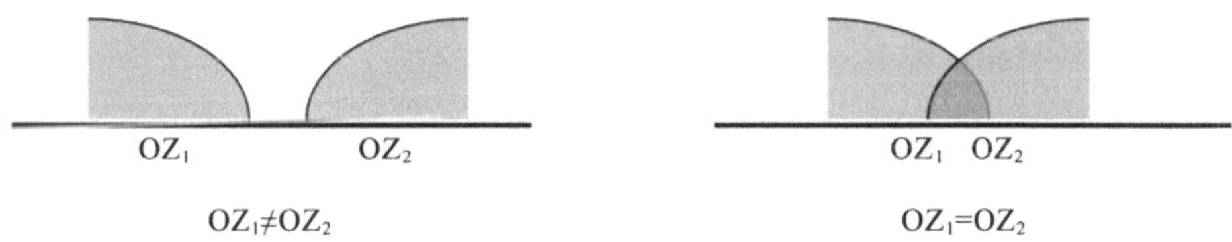

图 3-19 GEN-TRIZ 对 OZ 的重新定义

（2）对OT的重新定义

① OT_1：激化冲突中，有用功能的作用时间。

② OT_2：激化冲突中，有害作用的作用时间。

如图3-20所示，OT_1和OT_2如果没有交叉，可以表示为$OT_1 \neq OT_2$，进而考虑用时间分离解决问题；但二者如果在任一时间有重合，哪怕只有一个时间点重合，就可以表示为$OT_1=OT_2$，此时无法使用时间分离解决问题。

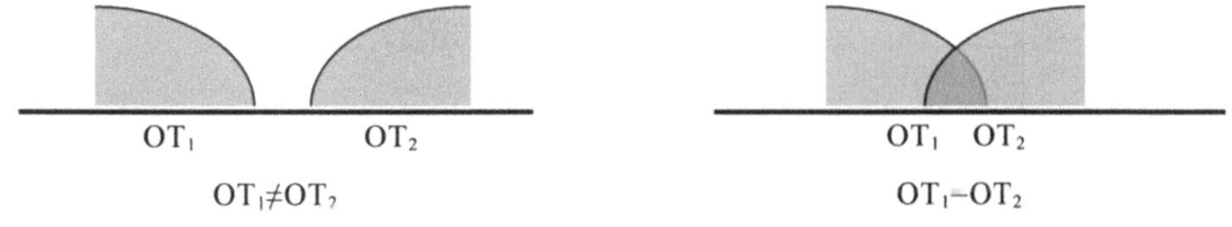

图3-20 GEN-TRIZ对OT的重新定义

① GEN-TRIZ，原名 GEN3 Partners，成立于 20 世纪 90 年代，其提出了 G3: Innovation Discipline（G3:ID），是现代 TRIZ 流派中极有影响力的一支。

之所以采用这样的定义方式，与后面的步骤有关。TRIZ大师Alex Lyubomirsky认为步骤2.1定义操作空间与步骤3.3宏观层面定义物理矛盾存在矛盾：OZ指发生冲突的空间，PC指操作空间内对某个物理状态的相反需求，但在一个操作空间本身不可能有相反的物理状态。因此，GEN-TRIZ提出了OZ_1和OZ_2，分别代表有用功能和有害作用发生的空间，不同空间有不同的物理状态，而这两个物理状态又是相反的。这种定义方式有助于使用分离方法来消除矛盾，在实践中具有较强的可操作性。

（三）步骤 2.3：识别物质-场资源

资源可以是物质、场（能量和信息）、空间、时间和功能，可以分布在系统、子系统和超系统中，涵盖了任何形式的客观存在。废弃物和廉价资源也是资源的类型。如果用一句话概述就是“世间一切皆资源”。在本书第二章里已对物质-场资源及其识别方法进行了详细介绍，这里不再赘述。

随着ARIZ的不断发展，有些学者还认为参数也可以作为物质-场资源，并且是一种非常重要的资源。这一观点主要是依据阿奇舒勒对X元素的定义，即X元素可以是参数、属性和其他任何东西。因此，参数、属性等可以作为物质-场资源，并且作为非常重要的内容被纳入物质-场资源列表2-2中，大大拓展了物质-场资源的内涵和范畴。

第二部分的三个步骤都完成后，接下来进入第三部分，开始定义理想最终结果和物理矛盾。

四、第三部分：定义理想最终结果和物理矛盾

ARIZ-85C的第三部分主要介绍了如何应用第二部分的资源来定义理想最终结果（IFR）物理矛盾（PC）。通过将IFR与实际作对比，找出实现IFR的障碍及原因，进而用物理矛盾表达。该部分包括六个步骤，如图3-21所示。该部分的输入是问题模型与资源，输出是物理矛盾。

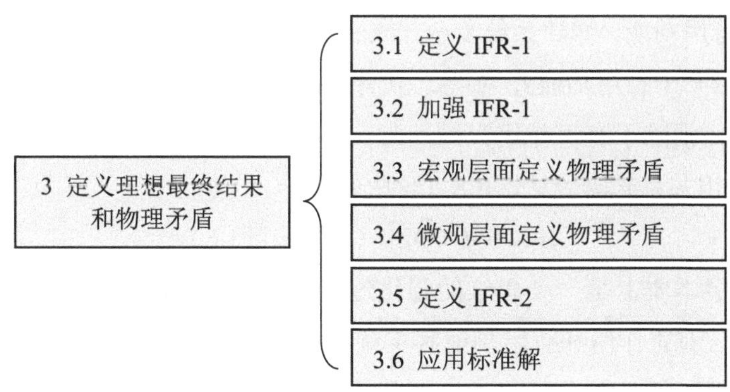

图3-21 ARIZ-85C第三部分的结构

这一部分的基本逻辑如图3-22所示。和前两部分类似，第三部分仍然是参照“填空题”的方式完成：只需要确定两项内容，加上第一、二部分得到的结果，即可完成第三部分。需要说明的是：第三部分各步骤完成后，如果问题仍未解决，请继续至第四部分。如果已经解决，请转到第七部分，但还是建议读者进入第四部分寻找更多可能的创意解决方案。

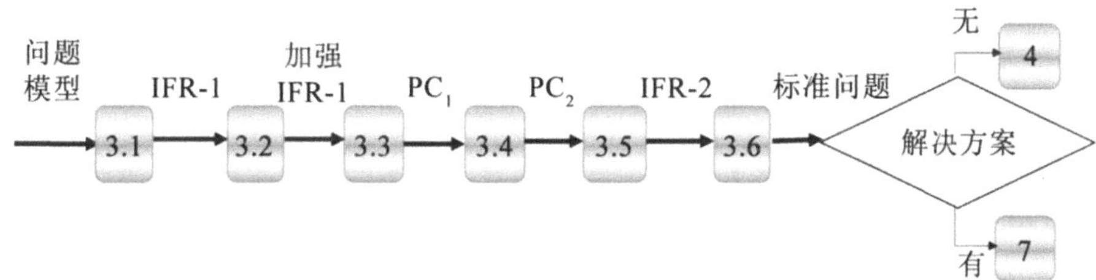

图3-22 ARIZ-85C第三部分的基本逻辑

（一）步骤 3.1：定义 IFR-1

ARIZ-85C第三部分从定义理想最终结果开始。理想最终结果在ARIZ-85C中其实就是最小问题的解决方案。这一步在步骤3.1完成，通常用IFR-1表示，其表述如下：

在不使系统变得更复杂且未引起任何有害结果的前提下，X元素自身在OZ内和OT期间阻止或消除了有害作用，并保留了工具的有用功能。

上述IFR-1的表述只是一种通用的表述方式，还有一些其他情形，例如：

引入新的有用功能，导致系统复杂，或一个有用功能与另一个有用功能不兼容（或削弱另一个有用功能），等等。实际上，IFR-1的一般含义是：获得有用功能（或阻止/消除了有害作用）的同时，不得伴随其他优点的下降（或出现有害结果）。用关系式来表达，IFR-1表达如下：

IFR-1=*f*（OZ，OT，步骤1.6）

步骤3.1本质上是一个思维的强化过程，其中，OZ和OT可以通过步骤2.1和2.2确定，有害作用和有用功能其实就是对应着TC_1'（激化冲突）的“但是”和“那么”。

在IFR-1表述的过程中，一定要注意“阻止或消除了有害作用”“保留了工具的有用功能”这两个地方的措辞，初学者很容易在这个地方出错。

（二）步骤 3.2：加强 IFR-1

这个步骤也可以称为“对IFR-1进行限制”。在这一步骤，引入步骤2.3定义的任一物质-场资源就可以加强IFR-1。具体来说，就是用步骤2.3定义的物质-场资源替换IFR-1中的“X元素”字样，继续向下分析。这个过程可以重复多次，每次选择一个资源替换。加强IFR-1的表述如下：

在不使系统变得更复杂且未引起任何有害结果的前提下，××资源自身在OZ内和OT期间阻止或消除了有害作用，并保留了工具的有用功能。

划线部分可以根据问题替换为具体的内容。通常情况下，按照工具资源[系统（内部）资源]、环境资源[可用（外部）资源]、超系统资源和产品资源的优先次序来选择。实际上，这个过程就是将X元素的功能“委托”给资源来完成，从而找到最小问题的答案。

这里需要注意两点：一是资源只能在步骤2.3定义的物质-场资源当中选择，不能引入新的资源；二是资源不一定全都代入进去替换，一般每次选4—5个重要的代入进去即可。

如何加强IFR-1呢？考虑最为理想的一种状态，即“无须对象就能执行功能”。也就是说，最为理想的X元素不是X元素本身，而是只需要通过产品自身即可实现功能，无须工具。这样，IFR-1可以分为三种类型，按照理想度递增的顺序，依次为：

——产品、工具、X元素；

——产品、工具；

——产品自身（理想系统）。

建议按照这个顺序进一步分析，加强IFR-1可以作如下表述：

（1）工具或其物质-场资源在不会引起有害结果的前提下，不允许在OZ内的OT期间发生有害作用，而是执行有用功能。

（2）产品或其物质-场资源本身会执行有用功能。

划线部分可以根据问题替换为具体的内容。

简单来说，步骤3.2就是从步骤2.3的资源当中找到X元素，每次代入其中一个到步骤3.1的IFR-1中；并且在资源的选择上，优先选择工具资源。由于存在物理矛盾，找到的X元素无法做到既能消除有害作用又能保留有用功能，所以接下来的步骤就是找到阻碍实现加强IFR-1的物理矛盾。

（三）步骤 3.3：宏观层面定义物理矛盾

为了得到加强的IFR-1，需要定义物理矛盾。首先定义宏观层面的物理矛盾，具体格式如下：

在OT期间和OZ内，××资源的属性应该是P，以消除有害作用，且该资源的属性应该不是P，以实现有用功能。

在这个物理矛盾中，唯一需要新确认的就是资源的属性P，其他的内容在之前的步骤当中都能找到答案，如“××资源”就是满足步骤3.2中“加强IFR-1”的物质-场资源，有害作用和有用功能仍然对应着激化冲突里的“但是”和“那么”。

一般来说，不同的资源代入IFR-1后会得到不同的加强IFR-1，如果资源代入后存在物理矛盾，则按照步骤3.3的参考格式进行定义；如果没有找到物理矛盾，则需要返回到步骤3.2，重新替换其他资源。

宏观层面定义物理矛盾有三个角度：首先是针对X元素，其次是工具，最后是产品。

（1）X元素在宏观层面的物理矛盾

对于X元素，首先需要找到为满足IFR要求所必须具有的属性及与之不同的属性，也就是X元素的某个特性可以阻止或消除有害作用并保持有用功能。X元素在宏观层面的物理矛盾表述如下：

在OT期间和OZ内，X元素自身必须是某个指定属性，以消除有害作用，并且不能是某个指定属性，以保持有用功能。

（2）工具在宏观层面的物理矛盾

工具在宏观层面的物理矛表述如下：

在OT期间和OZ内，工具或其SFR必须是指定属性，以消除有害作用，并且不能是某个指定属性，以保持有用功能。

（3）产品在宏观层面的物理矛盾

产品在宏观层面的物理矛盾表述如下：

在OT期间和OZ内，产品或其SFR必须是指定属性，以消除有害作用，并且不能是某个指定属性，以保持有用功能。

需要说明的是：这个物理矛盾是ARIZ首次明确提到的物理矛盾，也是ARIZ第二个被揭示的物理矛盾。在第一部分中提到了在步骤1.3当中有一个暗含着的物理矛盾，那个物理矛盾被"隐形地揭示出来"之后，就可以放在一旁不管了，也不需要解决它，真正要解决的是步骤3.3提出来的这一系列物理矛盾。这些物理矛盾可以理解为步骤1.3的"替代品"，其目的是解决步骤1.3未能解决的问题。

（四）步骤 3.4：微观层面定义物理矛盾

采用微观层面物理矛盾代替宏观层面物理矛盾的描述，有助于人们克服思维惯性，发现以前没有注意到的资源属性。

微观层面定义物理矛盾有两种方式：一是进一步加剧物理矛盾，二是向微观系统进化。当然也可以二者同时考虑。

加剧物理矛盾，最好通过识别另一个作用（通常是相反作用）来完成。在这种情况下，微观结构的物理矛盾需要揭示出那些先前被确定是另一个作用

（通常是相反作用）的粒子。这一过程往往采用因果分析的方法寻找根原因。在本书第二章ARIZ的基本逻辑部分已经介绍了如何寻找属性P_1的方法，这里不再赘述。

微观层面的物理矛盾可以表述为：操作空间OZ必须具有某种粒子，其状态是S，以满足实现步骤3.3的一个宏观状态（提供……有用功能），并且“粒子”的状态不能是S（或“粒子”不存在），以满足实现步骤3.3的另一个宏观状态（消除……有害作用）。

在这个物理矛盾中，粒子的存在既可以满足矛盾的一方，又能满足矛盾的另一方。唯一需要新确认的就是粒子的状态S，其他的内容在之前的步骤当中都能找到答案，如有害作用和有用功能仍然对应着激化冲突里的“但是”和“那么”。“粒子”在这里并不是一个明确的事物，可以是单纯的物质粒子（如分子、离子等），也可以是与某种场结合的物质粒子等，当然还可以是场粒子，只是较为少见而已。

不论是宏观层面的物理矛盾，还是微观层面的物理矛盾，这两个物理矛盾所需要满足的宏观物理状态都是一样的。如果问题只能在宏观层面上解决，那么步骤3.4可能会失效，因为它提供了额外的信息：问题是在宏观层面上解决的。

（五）步骤 3.5：定义 IFR-2

步骤3.5是从微观层面定义IFR-2，可以作如下表述：

在OT期间和OZ内，自身必须提供相反的宏观或微观物理状态。

如果将其细化，则可以作如下表述：

在指定的OT期间和OZ内，××资源必须能够自行提供指定粒子的状态S，以保留……有用功能，并且粒子的状态不能是S，以消除……有害作用。

通过定义IFR-2，此时原来的物理矛盾已经转化成一个新的问题，也是后续需要关注的问题。这里可以参考步骤3.2的做法，将步骤2.3定义的物质-场资源代入IFR-2中。接下来探讨如何解决该问题。

（六）步骤 3.6：应用标准解

步骤3.6主要是确定使用标准解解决IFR-2问题的可能性，即构建满足IFR-2的物质-场模型，再考虑用标准解解决问题。对于大部分问题而言，通常会采用消除有害作用这一类标准解（即S1.2：拆解物质-场模型）。这是ARIZ-85C第二次应用标准解。从算法逻辑上看，步骤3.6和步骤1.7类似，其并不是由步骤3.5导出来的，与步骤3.5没有直接关系。

第三部分实际上是在介绍如何在不引入新资源的情况下实现理想最终结果，并用物理矛盾来描述这个问题，通过解决这个物理矛盾进而达到解决问题的目标。从逻辑层面看，ARIZ-85C前三部分涵盖了整个ARIZ-85C算法80%的内容，当第三部分完成后，基本上已经完全改变了初始问题。

结合第三部分各步骤之间的逻辑不难发现：第三部分只需要确定步骤3.3中的物质-场资源属性P以及步骤3.4中的微观粒子的状态S，就可以完成第三部分的内容了，其他内容则是利用第一、二部分得到的结果，无须重新分析。而在实践中，大部分项目通常只到步骤3.3，即得到宏观层面的物理矛盾就停止了，只有15%—30%的项目会继续使用步骤3.4—3.6。为了更好地掌握ARIZ-85C的逻辑和流程，还是建议读者在应用ARIZ-85C解决问题时，将第三部分所有步骤完整地使用下来。

从现代TRIZ的视角看，ARIZ-85C在X元素的处理上是典型的“裁剪”逻辑，即在第一部分引入了X元素，又在第三部分“裁剪”了X元素：在第三部分中“找到”了X元素，但实际上却没有用X元素，而是用现有资源替代X元素，达到了“既要裁剪，又没有作裁剪”的效果。

五、第四部分：调动和使用物质-场资源

ARIZ-85C的第四部分主要介绍了调动和使用物质-场资源的方法，在第二部分资源分析的基础上，更加充分地挖掘了物质-场资源，提高了使用效率。前面介绍的步骤3.3—3.5开启了从问题到解决方案的转化，第四部分则继续朝

着这个方向发展。该部分包括七个步骤，如图3-23所示。该部分的输入是物理矛盾，输出是SFR列表和产生的创意解决方案。

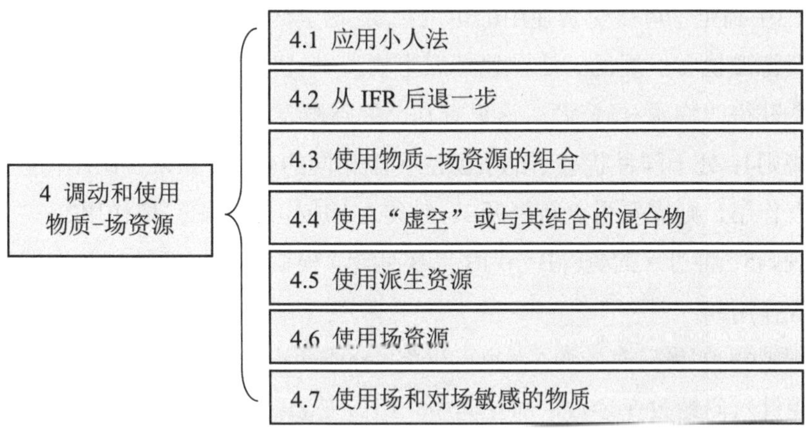

图3-23　ARIZ-85C第四部分的结构

这一部分的基本逻辑如图3-24所示。需要说明的是：第四部分的逻辑和前三部分有较为明显的差别。前三部分的逻辑总体上更加接近于算法逻辑，即前面步骤的输出作为后续步骤的输入（有些步骤之间不属于这种情形）。第四部分则明显不同，更像是“应用题”的形式。第四部分每个步骤完成后，都会产生不同的创意解决方案。如果某个步骤没有产生解决方案，则继续后面的步骤。当然，在某个步骤产生创意解决方案之后，也可以继续后面的步骤，产生更多的解决方案。

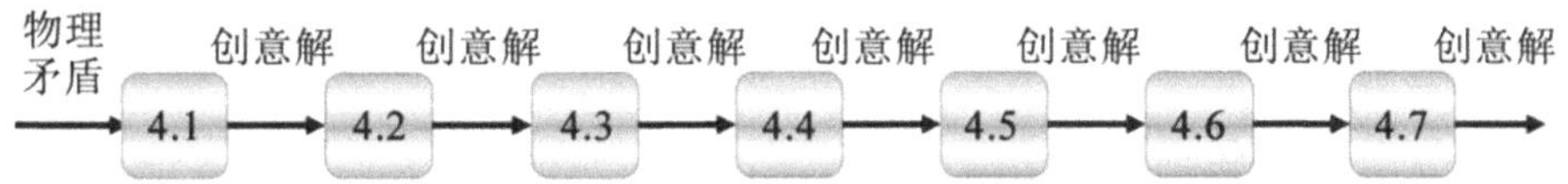

图3-24　ARIZ-85C第四部分的基本逻辑

ARIZ-85C的第三部分是逐个使用步骤2.3列出的现有资源来解决物理矛盾。当第三部分无法产生解决方案时，可以尝试对资源进行组合。第四部分是在不允许添加新资源的基础上，对各种资源进行组合并充分利用，在变化中寻找问题的解决方案，提供一些可能的解决方向。

需要说明的是，使用资源解决最小问题不是为了使用所有资源，而是在投入最少的物质-场资源的基础上获得至少一个解决方案。当然，并非所有问题都可以通过使用现有物质-场资源得到解决，有时必须引入新的物质和场。在步骤2.3中确定了可以免费使用的可用物质-场资源，而第四部分则主要介绍了几种资源变换和扩展的方法，包括派生物质-场资源以及仅需最小变化几乎可以免费获得的物质-场资源。这里有几个规则需要读者注意并熟悉。

规则4：处于同种状态下的资源应实现相同的功能。如果资源A不能完成两个相互作用，则需要引入新资源B，使得A完成作用1、B完成作用2。

规则5：将引入的资源B分为B_1和B_2两组，根据已有资源的相互作用得到新的相互作用3。

规则6：如果只有资源A，也可以将A分成两组，一组保持原来的状态，另外一组针对问题改变参数，即让其中一组改变参数。

规则7：被分组或引入的资源必须彼此相同，或者完成相互作用后，相互间应该不可分离。

规则4—7适用于ARIZ-85C第四部分的所有步骤。

（一）步骤 4.1：应用小人法

小人法是一种可以在微观水平上表述现实问题模型的方法，是用大量小人（一组、几组、一群等）以画图的形式示意性地表示相互冲突的要求。它是基于综摄法发展起来的，用于培养创造性想象力，其主要功能是消除思维惯性。

需要说明的是："冲突需求"是指问题模型中的冲突或步骤3.5中指定的相反的物理状态。

小人法源于物理学家詹姆斯·克拉克·麦克斯韦（James Clerk Maxwell）的观点，他认为：在解决问题时，可以用小人的形式去做所有必要的事情。阿奇舒勒受此启发，提出了类似的使用小人建模的方法。

小人法实际上是ARIZ的一个辅助步骤。在调动物质-场资源之前，通过小人法，可以让人们清晰地看到"我要做什么"，而无须关注"如何去做"。通过绘制一些图来表达小人的动态变化，让小人能够按照指令完成各种操作，可以更加容易地产生解决方案。

步骤4.1包括以下三个子步骤：

（1）步骤4.1.1：使用小人法将宏观或微观物理矛盾表示出来，并给出图示。这一步相当于用小人建立一个初始情境模型，既可以描述步骤3.3的宏观物理矛盾，又可以描述步骤3.4—3.5的微观物理矛盾。另外，小人法建模只需要表达问题的可变部分——工具或X元素。

（2）步骤4.1.2：改变模型，让小人"动起来"，消除矛盾。可以在同一张图上同时描述有用功能和有害作用这两个场景的组合。这里至少需要两幅图：一幅是产生矛盾的情形，另一幅是可能的解决方案，并在图中显示小人变化的效果。需要注意的是：图示不能简单地一画了之，而是应该展现出较强的表现力，易于理解，还需提供有关物理矛盾的相关信息，并指出通用的消除物理矛盾的方法。

如果发生的时间比较短，建议画几个连续的图，但一定要表述准确。例如："连接"可以用"握紧手或拥抱的小人"表示，"断开连接"可以用"松开手的小人"表示，其他的还有移动、抓东西、取东西等等。

（3）步骤4.1.3：转到相应的实际解决方案。提出方案后，可以请行业专家帮助给出实际解决方案。如果没有行业专家帮助，必须自己完成，那么就需要进入步骤4.3—4.7，通过寻找扩展资源来解决问题。

小人法既可以作为ARIZ-85C的一部分使用，也可以单独使用。下面举例说明这一方法的应用。

【例3-4】如何防止敌军发现水雷

水雷是一个充满炸药的球体，是一种布设在水中的爆炸性武器，如图3-25所示。水雷的浮力很大，需要借助缆绳将其固定在锚上，使其保持在船的吃水深度。

捕获水雷主要通过扫雷艇来完成。在两个扫雷艇之间有一根拉紧的钢索（类似拖网结构的扫雷具），放置在一定深度的水中，并与锚索接近，如图3-26所示。当扫雷具沿锚索移动接触到水雷的时候，用专用刀具或爆炸装置将锚索切断或炸断，使水雷浮起并被引爆。

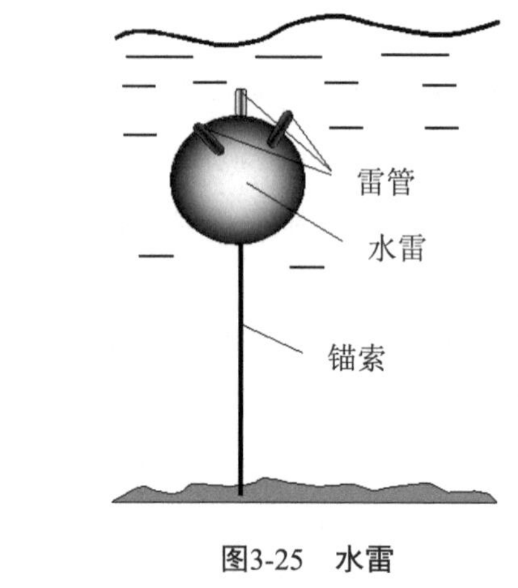

图3-25　**水雷**

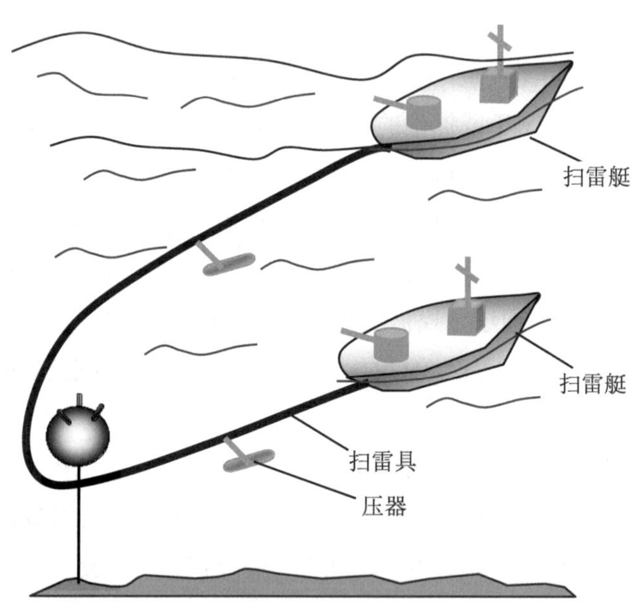

图3-26　**扫水雷**

要想使敌军无法侦察和摧毁预先放置的水雷，应使扫雷具的钢索A穿过水雷的锚索B，并且不会断裂，如图3-27所示。

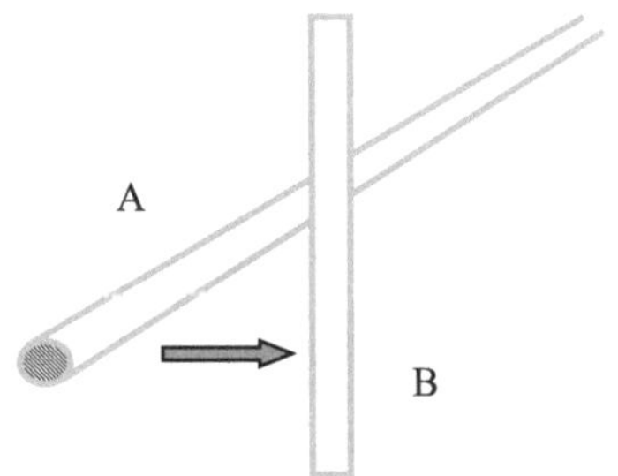

图3-27　钢索的走向

这里考虑使用小人法。想象一下，水雷锚索B以一系列相连小人的形式出现，如图3-28所示。

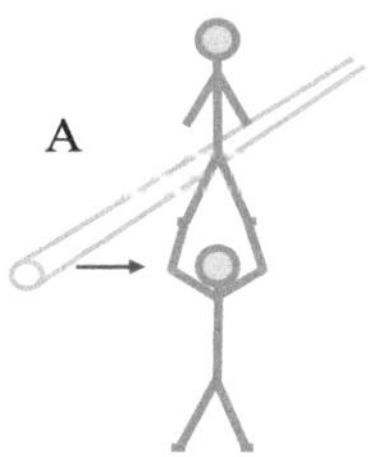

图3-28　水雷问题小人法模型

小人之间有两个连接，即两只胳膊和两条腿。首先他们断开一个连接，电缆从中穿了进去，然后他们重新建立起该连接，再断开另一个连接，此时电缆从另一侧穿出来，如图3-29所示。

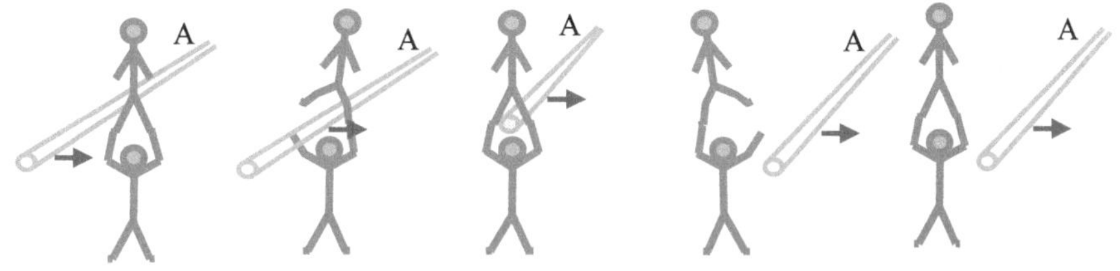

图3-29　水雷问题小人法解决方案模型

将其转化为实际解决方案，如图3-30所示。

图3-30　水雷问题解决方案模型

（二）步骤 4.2：从 IFR 后退一步

如果从问题的条件中确定系统的完结状态，而问题又可以归结为如何实现这个系统，则可以使用“从IFR后退一步”的方法：先是描绘一个理想的系统，然后将最小的改变输入系统中。

步骤4.2可以看作步骤4.1的一个子步骤。当通过步骤4.1得到解决方案之后，需要进行概念验证，此时产生了次级问题。如果这个次级问题无法解决，则需要进入步骤4.2，让IFR后退一步，这样次级问题解决起来或许会更容易。步骤4.2的目的是让问题变得更简单，以得到更多的方案解。通常可以使用系统微小改动、系统微小“恶化”、拆卸等方法进行“后退”。

步骤4.2包括以下三个子步骤：

（1）步骤4.2.1：指定IFR，使两个部分相互接触。

（2）步骤4.2.2：从IFR后退一步，有必要使这两部分保持一个微小的间隙。

（3）步骤4.2.3：如何从后退的IFR转到新的IFR，在有这个“间隙”的情况下，依然能让两个部分相互接触。

下面举一个例子来说明步骤4.2是如何应用的。

【例3-5】步骤4.2应用举例——如何从IFR后退一步

步骤4.2.1：IFR即两个金属件连接。

步骤4.2.2：从IFR后退一步，使两个金属件之间有微小的间隙。

步骤4.2.3：如何从后退的IFR转到新的IFR，即在有微小间隙的条件下，两个金属件仍然能够连接。

根据以上步骤得出，常见的解决方法就是加热。

从步骤4.3开始，将分五个步骤（步骤4.3—4.7）来有效应用物质-场资源的五种方法，将这五种方法归纳、总结起来就是资源的转化、关联和组合。这五种方法是在第三部分无法产生解决方案的基础上，逐步放宽了对物质-场资源的要求。其中，步骤4.3—4.5介绍了在步骤2.3的基础上如何派生资源，步骤4.6—4.7介绍了更加“偏激”地引入资源的方法。无论采用哪种方法，资源应用的目标始终是建立新物质，而不是引入新物质。实际上，这五个步骤本身也可以看作应用标准解的过程。

在实践中，如果没有行业专家帮助实现步骤4.1得到的创意解，可以考虑使用这五种方法来寻找扩展的物质-场资源，并将找到的物质-场资源代入步骤3.2的加强IFR-1，逐个代入步骤4.3—4.7找到的资源，进入步骤3.3求解物理矛盾。

（三）步骤 4.3：使用物质-场资源的组合

实际解决问题的时候，并非总是可以直接使用物质-场资源来获得解决方案。为了解决问题，通常需要使用新物质，但是新物质的引入会增加系统的复杂性、引起有害作用等。ARIZ-85C的第四部分就是通过引入“新”资源的方式来使用物质-场资源——既达到引入物质的效果，又不能引入新物质。

首先需要考虑操作空间的资源。最简单的情况是步骤4.3是从两种单个物质组合成一种非均匀的双物质。这就可能会引发一个新问题：能否从单个物质过渡到均质的双物质或多物质？根据技术系统进化定律，从单系统到均质双系统或多系统这样类似的路径（详见标准解S3.1.1）已经得到广泛应用，但这是针对系统而言的，步骤4.3是针对物质而言的。将两个单个的物质组合在一起只会增加物质的数量，与标准解S3.1.1“系统组合”(单系统—均质双系统—均质多系统）形成的新系统不同。

（四）步骤 4.4：使用“虚空”或与其结合的混合物

“虚空”是一种极其重要的物质资源，它总是可以无限地获取，成本极其低廉，而且很容易与现有物质结合，形成空心、多孔结构，例如泡沫、气泡等。

需要注意的是：此处提到的“虚空”不一定是真空，可能是液体、气体、气泡、原子、分子等。“虚空”还可以理解为将低密度的物质混合到另一种高密度的物质当中。例如：对于液态物质来说，“虚空”可能是气泡；对于晶格来说，“虚空”可能是分离的原子等。

其实这个步骤也可以理解为步骤4.3的一个“特例”：当相同的系统合并时，各系统的边界仍然会保留在合并后的系统中。例如：如果单系统是一张纸，那么多系统就是笔记本，而不仅仅是一张很厚很厚的纸。如果要保持边界，就需要引入第二种（边界）物质，只是第二种物质是“虚空”。当物质与“虚空”结合在一起时就出现了新物质，这正是人们所需要的。

（五）步骤 4.5：使用派生资源

步骤4.5也是基于步骤4.3的。常见的方法有改变物质的物理状态、分解、重组、应用不同“阶段”的物质资源等。

1.改变物质的物理状态

可以通过改变现有物质资源的相态、分解成其他组分等方式来获得派生资源。如果物质资源是水（液体），则派生资源可以是冰（固态）和蒸汽（气态）。

2.分解

物质的分解产物也可以作为派生资源。例如氢和氧就是水的派生资源。对于多组分物质而言，派生资源就是组成该物质的各个组分。此外，物质在燃烧或分解时形成的新物质也属于派生资源。

规则8：如果需要用某种物质（例如离子）来解决问题，但是在问题情境下不可能直接产生它们，则必须通过分解较高级别的物质（例如分子）来获得所需的物质。

该规则的实质是可以通过间接的方法获得新物质，即通过分解物质资源或引入系统的较高级别的物质来实现。

3.重组

规则9：如果需要用某种物质（例如分子）来解决问题，并且无法直接获得它们或者无法根据规则8获得，则可以通过重组较低级别的物质（例如离子）来获得所需的组分。

该规则的实质是完成较小的结构，并以另一种方式使用。

规则10：应用规则8最简单的方法是分解较高级别的“完整”或“过量”的物质（例如负离子），应用规则9最简单的方法是完成最接近较低级别的“不完整”的物质。

该规则的实质是建议分解“完整”的粒子（分子、原子）更好，因为“不完整”的粒子（例如正离子）已经被部分分解并且可以阻止其进一步分解；相反，建立“不完整”的粒子更好，因为它们往往更容易修复。

规则8—10指出了更高程度上从现有或易于引入的物质中获取资源及其衍生物的有效方法，并且在特定情况下需要物理效应。

4.应用不同“阶段”的物质资源

应用不同“阶段”的物质资源这种改变物质的方式也较为常见。例如：蛙类的幼体是蝌蚪，金刚石与石墨是同素异形体。

（六）步骤 4.6：使用场资源

如果现有的问题情境不允许使用现有或派生的物质资源，则需要考虑使用场资源，例如电场。需要注意的是：电子与场结合的物质具有高可控性，且电子是存在于任何物体内部的“物质”。

（七）步骤 4.7：使用场和对场敏感的物质

使用场和对场敏感的物质，例如：使用磁场-铁磁物质、紫外线-发光体、热场-形状记忆金属等。

在阿奇舒勒生活的时代，电磁技术是非常流行的技术，因此他在步骤4.6—4.7中把电磁资源单独提出来，其实现在这两个步骤并不常用。同理，在76个标准解里也有相当数量的内容与电磁技术相关。

第四部分各步骤之间的逻辑与前三部分有所不同，并不是基于上一步的结论推导出下一步，而是每个步骤都可以独立使用，但它们之间也确实存在着一定的逻辑关系，如图3-31所示。

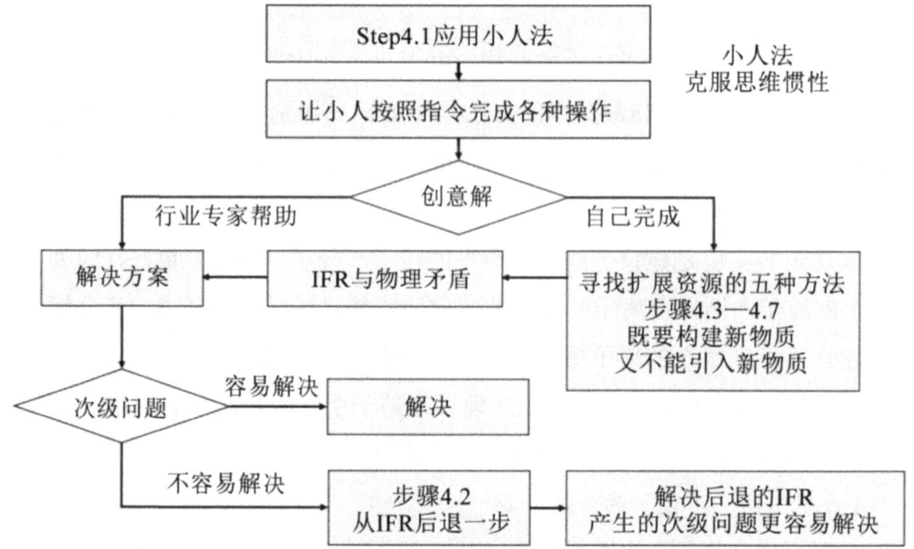

图3-31　ARIZ-85C第四部分各步骤之间的内在逻辑关系

从图3-31可以看出，第四部分先是以小人法开头，当使用小人法获得创意解决方案之后，则需要调动和使用物质-场资源来实现解决方案。如果现有资源无法满足，则运用步骤4.3—4.7的五种方法对资源进行扩展后，将新的资源代入IFR-1或IFR-2和对应的物理矛盾得到解决方案。在解决方案实现的过程中，若产生了次级问题，如果容易解决更好，如果不容易解决，则可以考虑从IFR后退一步，或许会更加容易地解决次级问题。

在资源分析上，步骤2.3列出了现有的物质-场资源；步骤4.3—4.5是在现有资源的基础上派生出的物质-场资源；步骤4.6是现有和衍生的物质-场资源存在部分偏离，需要引入外部的场；步骤4.7则是从外部引入场和对场敏感的物质。通常情况下，也是按照这样一个顺序来确定各种资源，并通过资源的不断发散来获得最小问题的答案。对于最小问题而言，消耗的资源越少，解决方案可能就越理想。然而很多时候并不是花费少量资源就能解决问题的，有时必须通过引入新的物质和场来解决，但仅在确实无法使用物质 场资源的时候才考虑这样做。

阿奇舒勒认为ARIZ-85C前四部分其实都可以归为问题的分析阶段，即通过分析问题来寻找资源。第一部分是分析问题；第二部分是寻找资源；第三部分通过找物理矛盾继续收敛问题；第四部分则是扩展资源寻找范围，也就是继续找资源；只有进入第五部分之后，才算进入真正意义上的问题解决环节，并给出了问题解决的几种途径。

六、第五部分：应用知识库

ARIZ-85C的第五部分主要是运用知识库解决物理矛盾，进而产生解决方案。该部分包括四个步骤，如图3-32所示。该部分的输入是物理矛盾，输出是产生的创意解决方案。

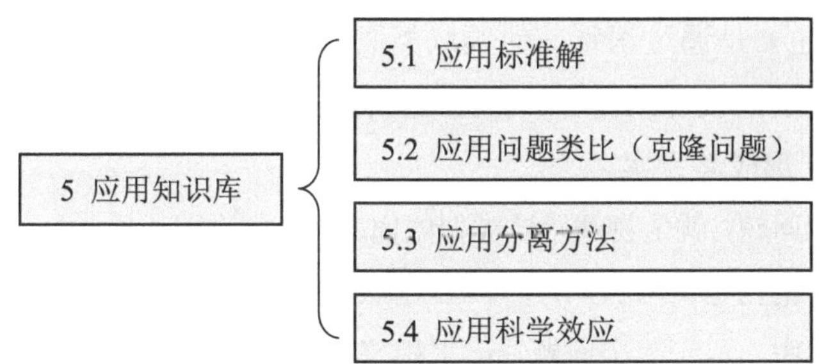

图3-32　ARIZ-85C第五部分的结构

ARIZ-85C第五部分的基本逻辑如图3-33所示。

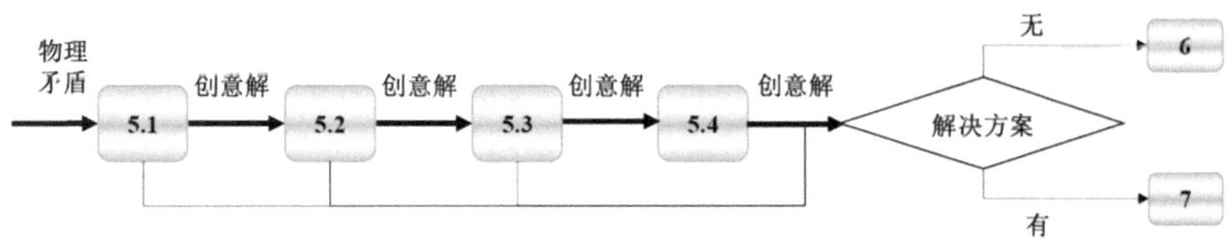

图3-33　ARIZ-85C第五部分的基本逻辑

在很多情况下，ARIZ-85C前四部分就能够解决问题了，但如果在前四部分都没有产生解决方案，第五部分可以帮助人们直接利用知识库产生解决方案。

（一）步骤 5.1：应用标准解

这个步骤是ARIZ-85C第三次应用标准解，主要是考虑使用第四部分构建的物质-场资源、应用标准解解决IFR-2的可能性。实际上，在步骤3.6中已经使用过标准解来解决问题了，在步骤4.6和4.7中同样也使用了标准解。这些步骤在使用标准解之前，已经尽可能地使用了现有的物质-场资源，避免了引入新的物质或场。但如果无法利用现有和派生的物质-场资源来解决问题，也就是在使用现有的物质-场资源仍无法解决问题的情况下，则需要考虑引入新的物质或场。这就是步骤5.1与其他使用标准解步骤的区别。因此，步骤5.1的本质与步骤4.6和4.7相同，但是不得不引入新的物质或场，并且将应用标准解的范围扩大到整个标准解系统。

（二）步骤 5.2：应用问题类比（克隆问题）

步骤5.2主要是通过识别其他领域类似的物理矛盾问题及其相应的解决方案，对所识别的解决方案作一般化处理，将一般化的解决方案用在需要解决的物理矛盾中，形成新方案。

所谓类比问题，就是物理矛盾类似的问题。一类物理矛盾类似的非标准问题，它们的解决方案也是类似的，有的TRIZ出版物将其称为克隆问题。在海量的发明问题解决方案中，尽管两个问题看起来相差甚远，甚至风马牛不相及，但它们的物理矛盾有可能是类似的，因此可以运用类似的解决方案来解决。当然这需要通过类比分析才能得知。如果有若干解决方案是在运用ARIZ解决类似物理矛盾中得到的，则可以通过类比，从这些已有的解决方案中获取本问题的解决方案。因此，通过与包含类似物理矛盾的问题进行类比，能够解决大部分问题。

（三）步骤 5.3：应用分离方法

步骤5.3主要是运用分离方法来解决物理矛盾。此时所有资源都用完了，仍无法得到满意的解决方案，只能直接面对IFR的物理矛盾去求解。

阿奇舒勒在ARIZ-85C中提出了十一种消除物理矛盾的方法，但在实践中，这十一种方法难以一一记住，因此后人将这十一种方法进一步高度概括为空间分离、时间分离、条件分离、系统级别分离这四种分离方法。这四种分离方法在本书第一章有较为详细的介绍。无论采用何种分离方法，都是将同一对象（系统、参数、属性、功能等）上相互矛盾的需求分离开，从而使矛盾双方的需求都能够得到满足。

为了保持ARIZ-85C的“原汁原味”，这里将阿奇舒勒给出的十一种消除物理矛盾的方法列出来，供读者参考。

1.空间分离

所谓空间分离，是指在不同的位置、维度或运动方向上，通过提供不同的属性（P和anti-P）来满足不同的需求。

2.时间分离

所谓时间分离，是指在不同的时间，通过不同的属性（P和anti-P）来满足不同的需求。

以上两种分离方法及其应用在本书第一章已有所介绍。

3.将多个同类或异类系统合并到一个超系统中

通过将同类的（同质的、相似的）或异类的（异质的、不同种类的）系统合并到一个超系统中来满足不同的需求。

例如：将多台电脑连接起来形成网络，不仅可以进行更加复杂的信息处理，还可以共享资源（例如打印机）。

4.将系统转换为反系统，或将系统与其反系统组合

从功能的角度来讲，反系统就是与当前系统所实现的功能相反的系统。如果两种系统实现的功能相反，则称它们互为反系统。例如：如果当前系统为铅笔，其功能是书写，而橡皮的功能是清除字迹，正好与铅笔的功能是相反的，因此可以称铅笔和橡皮互为反系统。将一个系统转换为反系统，或将系统与其反系统进行组合，以满足不同的需求。

例如：为了止血可以使用含有不相容血型血液的纱布来包扎伤口，其原理

是不同血型的血液相遇会发生凝血反应，达到止血的目的。

5.系统的整体和部分具有相反的属性

通过将一个属性（P）赋予整个系统，同时将相反的属性（anti-P）赋予系统的某个局部来满足不同的需求。这种分离方法属于第一章中介绍的“系统级别分离”的一种。

例如：自行车的链条是柔性的，以便能够环绕在传动链轮上；但它的每一环又是刚性的，以在链轮之间传递相当大的作用力。

6.向微观系统进化

通过将一个系统转换为运行于微观级别上的系统来满足不同的需求。

例如：在用于分离液体的设备中有一个膜状结构，在电场的作用下，这种膜只允许特定的液体通过。

7.相变1：部分系统或外部环境的相态变化

通过改变系统中某个部分的相态，或通过改变系统所处的外部环境的相态来满足不同的需求。

例如：在矿井通风系统中，用液化气体来代替压缩气体。

8.相变2：利用系统某一部分的动态相态变化（根据情境将该部分从一种状态转换为另一种状态）

根据工作条件的不同，通过改变系统中某个部分的相态来满足不同的需求。这里涉及一个新的概念，叫系统局部双相态，是指那些能够根据工作条件的不同从一种相态转变为另一种相态的物质，例如形状记忆合金。通过局部双相态可以实现状态转换，以满足不同的需求。

例如：由镍钛合金制成的热交换器可以在温度升高的时候改变其形状，以增加散热面积。

9.相变3：利用与相变有关的现象

利用与相变跃迁相关的现象来满足不同的需求。

例如：为了移动冷冻的货物，可以考虑在货物下方铺设冰块，当冰块融化时可以减小摩擦力。

10.相变4：用双相态物质代替单相态物质

通过用双相态物质代替单相态物质来满足不同的需求。

例如：用铁磁性微粒作为磨料。

11.理化转变：化合-分解、电离-复合可以导致物质的产生-消除

通过化合-分解或电离-复合导致的物质的产生-消除来满足不同的需求。

例如：在热管的热区，操作液蒸发并发生化学分解；在热管的冷区，化学成分重新合成操作液。

规则11：只有那些与IFR高度匹配或接近IFR的解决方案才是最合适的。

（四）步骤 5.4：应用科学效应

步骤5.4主要考虑通过检索科学效应库来消除物理矛盾的可能性。步骤5.4包括以下四个子步骤：

（1）步骤5.4.1：使用物理效应。

（2）步骤5.4.2：使用化学效应。

（3）步骤5.4.3：使用生物效应。

（4）步骤5.4.4：使用几何效应。

第五部分完成之后，绝大部分问题到这里都有很多解决方案了。其实第五部分对于宏观层面和微观层面都适用，只是有些细微差别，具体如表3-4所示。

表3-4　第五部分解决宏观层面和微观层面问题对比

	宏观层面	微观层面
步骤	……—步骤3.3—步骤4.1—步骤5.2	……—第三部分—第四部分—第五部分
分析对象	步骤3.2的加强IFR-1，步骤3.3得到的物理矛盾	步骤3.5的IFR-2，步骤3.4得到的物理矛盾
步骤5.1	与步骤1.7、步骤3.6的物质-场模型本质上相同 （宏观层面，此步骤意义不大）	物质-场模型可能与前面不同，但本质与第四部分的标准解应用相同，只是此处不得不引入新资源
步骤5.2	与宏观物理矛盾类比	与微观物理矛盾类比
步骤5.3	在步骤3.3构建宏观层面的PC之后，直接求解步骤3.3的PC	用第四部分的扩展资源解决IFR-2的物理矛盾
步骤5.4	应用效应库解决宏观物理矛盾	应用效应库解决微观物理矛盾

宏观层面在步骤3.3产生物理矛盾之后，只需操作步骤4.1，就可以直接跳到步骤5.2。而微观层面则是在步骤3.5得到IFR-2之后进入步骤4.1，继续按照第四部分的逻辑完成步骤4.3—4.7（如果小人法有次级问题，则可进入步骤4.2），然后再进入第五部分。实际上，包括阿奇舒勒自己的案例在内的大部分案例的解决方案都是停留在宏观层面的。

七、第六部分：重新定义问题

ARIZ-85C的第六部分主要介绍了如何从结构化的解决方案变为实际解决方案，该部分包括四个步骤，如图3-34所示。该部分的输入是结构化的解决方案，输出是产生的实际解决方案。

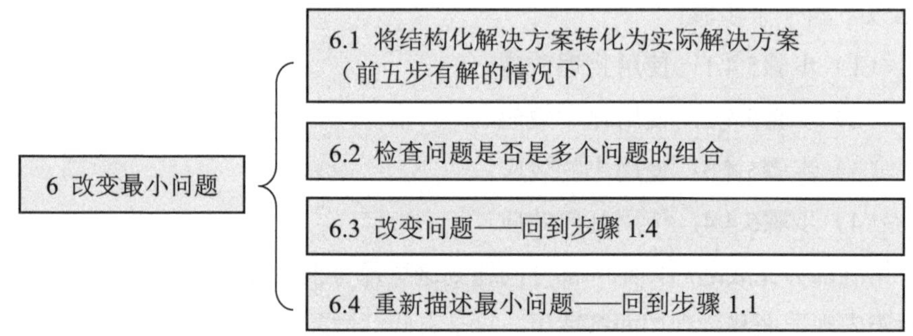

图3-34　ARIZ-85C第六部分的结构

根据前面的介绍不难发现：对于简单的问题而言，可以通过直接消除物理矛盾来解决。但对于复杂的问题来说，则需要正确地理解问题，并通过消除由思维惯性引发的初始限制，进而改变对问题的描述而获得解决方案。复杂的发明问题不可能一开始就能精确地提出来，而解决发明问题的过程就是修正问题描述或问题重新表述的过程。在实际应用中，不少问题都是由于错误的表述引起的，因此在解决问题的过程中，需要对其进行纠正。ARIZ-85C的第六部分其实就是提供了一个纠正的机制。ARIZ-85C的前五部分几乎用到了现有分析框架下所有可用的TRIZ工具和资源。如果此时仍然没有找到合适的解决方案，就要重新考虑选择初始问题。如果是多个问题组合，则需要先拆解，然后再选择一个最主要的问题，回到步骤 1.1 重新使用 ARIZ 寻找解决方案。如果还没有找到解决方案，则需要回到步骤 1.4 选择 TC_2。如果仍没有解决方案，那就需要返回到步骤 1.1 重新定义最小问题。现在随着问题分析工具的强大，当第五部分结束后仍然没有找到合适的解决方案时，可以直接进入步骤 6.3 和 6.4。

ARIZ-85C第六部分的基本逻辑如图3-35所示。

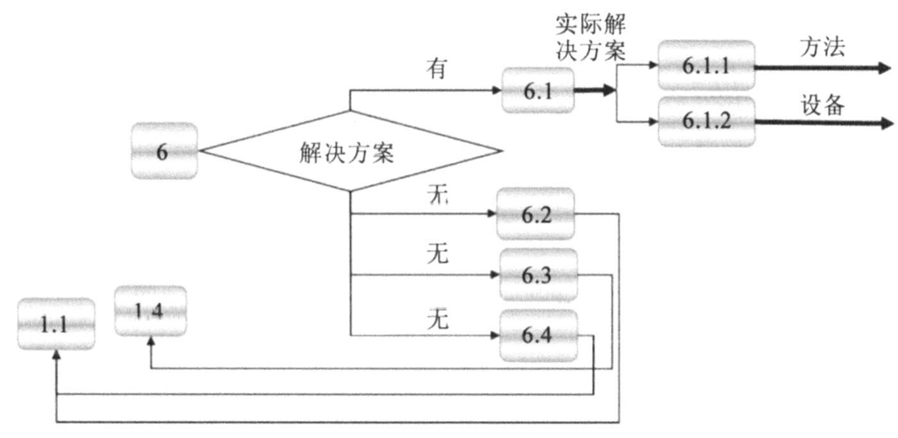

图3-35　ARIZ-85C第六部分的基本逻辑

（一）步骤 6.1：将结构化解决方案转化为实际解决方案

如果在进入第六部分的时候得到了解决方案（图3-35中的“有”），则转到步骤6.1：将结构化解决方案转化为实际解决方案。在转化为实际解决方案的时候，通常会先开发用于实施实际解决方案的方法或工艺（步骤6.1.1），然后再去考虑开发实现该方法的设备、设施（步骤6.1.2）。应用ARIZ和TRIZ解决问题通常都会用到此步骤。当人们用经典TRIZ工具产生结构化解决方案时，接下来就是将其转化为实际解决方案，而这一步恰恰体现了步骤6.1这一过程。可以说，凡是用TRIZ解决实际问题的项目，几乎都会用到这一步骤。

如果解决方案未被接受（图3-35的“无”），则需要继续依次完成步骤6.2、6.3和6.4。

（二）步骤 6.2：检查问题是否是多个问题的组合

步骤6.2要求返回ARIZ-85C第一部分的步骤1.1，检查步骤1.1的措辞是否为几个不同问题的组合。如果是，需要在步骤1.1中逐一确定要解决的单个问题。通常仅需要解决一个主要问题就可以了。

（三）步骤 6.3：改变问题——回到步骤 1.4

如果在步骤6.2之后仍没有得到解决方案，则转到步骤6.3：改变问题——回到步骤1.4，选择另一个技术矛盾TC_2。

（四）步骤 6.4：重新描述最小问题——回到步骤 1.1

如果在步骤6.3之后仍没有得到解决方案，则进入步骤6.4：回到步骤1.1，重新描述最小问题。

八、第七部分：评估解决方案的质量

从第七部分开始，ARIZ-85C就进入了对解决方案的验证与完善阶段。这个阶段包括第七、八、九三个部分。相对于前面几个部分而言，这三个部分的逻辑更为简单，就是按照步骤提示回答问题。这三个部分的所有步骤更像是以“简答题”的形式给出的，使用者只需要按照提示逐个回答问题即可。

ARIZ-85C的第七部分主要是评估解决方案的质量，此时物理矛盾应该几乎能完全消除。该部分包括四个步骤，如图3-36所示。该部分的输入是产生的实际解决方案，输出是对解决方案的评估。

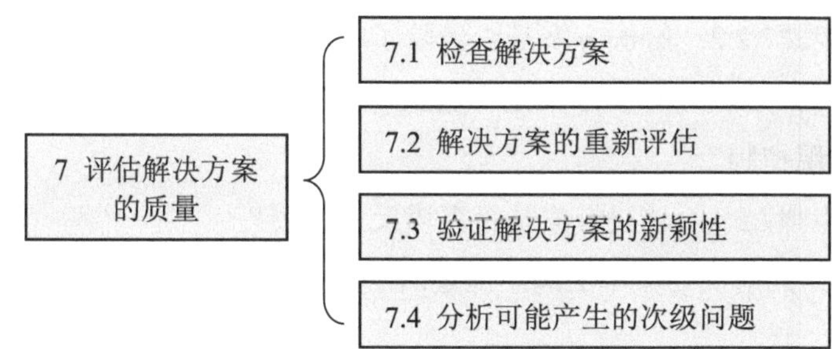

图3-36 ARIZ-85C第七部分的结构

ARIZ-85C第七部分的基本逻辑如图3-37所示。

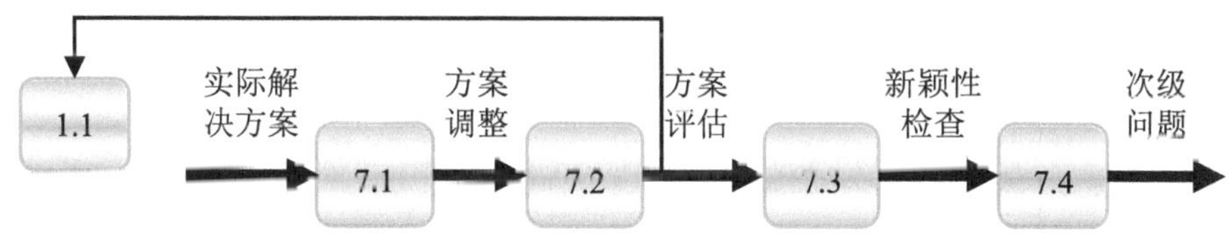

图3-37 ARIZ-85C第七部分的基本逻辑

（一）步骤 7.1：检查解决方案

步骤7.1包括如下两个子步骤：

（1）步骤7.1.1：是否可以不引入新的物质-场资源（包括扩展资源），即能否不引入新的物质和场，而是以现有或其派生形式使用物质-场资源。

（2）步骤7.1.2：是否可以通过物质资源自我实现，即使用自调节物质。这里的“自调节物质”是指当外部环境变化时会以某种方式改变其物理参数的物质，属于智能材料的范畴。例如：加热到居里点以上会失去磁性的物质，或在一定温度下改变形状的物质（具有形状记忆效应的材料），等等。

如有必要，则需要对实际解决方案进行相应的调整。

（二）步骤 7.2：解决方案的重新评估

步骤7.2包括如下四个子步骤：

（1）步骤7.2.1：解决方案能否满足IFR-1？

（2）步骤7.2.2：解决方案是否消除了物理矛盾？

（3）步骤7.2.3：解决方案是否包括一些容易受控的组件？如果有，是哪些？如何实现控制？

（4）步骤7.2.4：解决方案是否可以反复使用？

如果最终的解决方案不能满足上述四个方面的任何一项，则返回到步骤1.1。

（三）步骤 7.3：验证解决方案的新颖性

步骤7.3主要是通过专利文献或数据库检索来验证所获得的解决方案的新颖性。

（四）步骤 7.4：分析可能产生的次级问题

步骤7.4主要是分析在实施解决方案的过程中，可能会在发明、设计、计算、组织实施等方面遇到哪些新的问题。这类新出现的发明问题被称为次级问题。如果有次级问题，需要明确哪些需要立即解决，哪些可以暂不解决。

九、第八部分：创新解的应用

ARIZ-85C的第八部分就是对解决方案的进一步开发，即分析这个解决方案是不是还能解决，或者解决了其他问题。

一个真正的创新不是仅解决了特定的问题，而是为许多其他类似的问题提供了一个通用的“钥匙”：可以最大限度地利用该解决方案揭示的、所得到的资源。在使用ARIZ获得满意的解决方案之后，人们很少考虑如何进一步开发解决方案，以及在哪些地方还能使用这些新创意。第八部分就是通过考虑解决方案与当前系统的兼容性来选择最优的使用情形。

ARIZ-85C的第八部分包括三个步骤，如图3-38所示。这三个步骤也可以看作解决方案应用的三个方向。第八部分的输入是解决方案，输出是对解决方案的延伸应用。

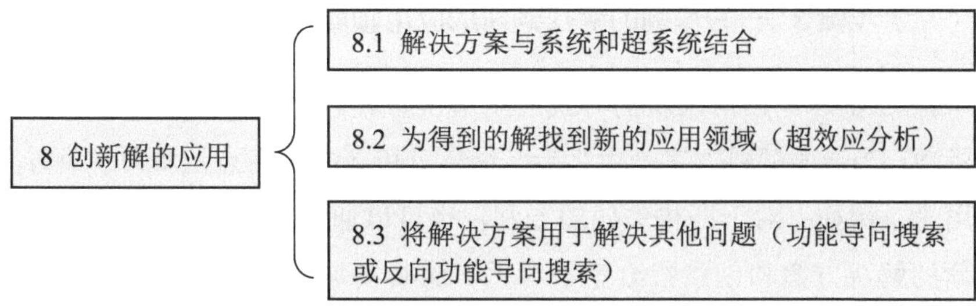

图3-38　ARIZ-85C第八部分的结构

ARIZ-85C第八部分的基本逻辑如图3-39所示。

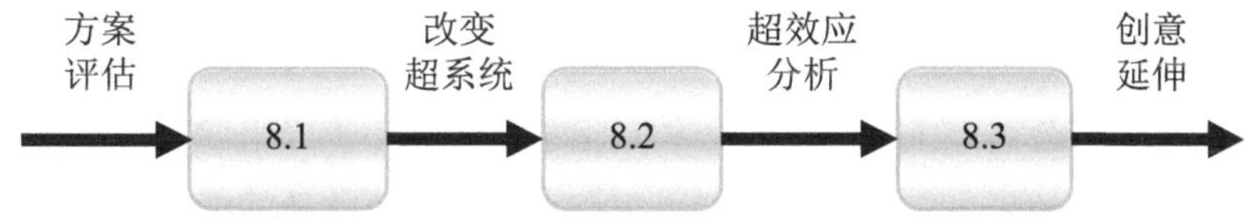

图3-39　ARIZ-85C第八部分的基本逻辑

（一）步骤 8.1：解决方案与系统和超系统结合

在步骤8.1中，将获得的解决方案与系统和超系统结合。这种结合取决于解决方案本身是不是全新的、开创性的，如果是，通常需要更改系统和超系统，以实施解决方案。如果解决方案不完全是全新的，这时解决方案适用于系统和超系统。首先，需要搞清楚新系统与其他系统、超系统和外部环境之间的相互作用，并确保它们之间的相互作用不会造成负面影响。如果发现一些缺陷，可以消除它们。通常在这种情况下，消除缺陷将作为一个新问题（次级问题），可以运用ARIZ来解决。这样，所获得的解决方案将会更加富有建设性和实操性，并能最终得到实施。

需要说明的是：很多时候在新发明中仍旧保留了旧的工作原理和形式，这种“新瓶装旧酒”式的解决方案其实也可以认为是思维惯性在起作用，这便是另外一个问题了。

（二）步骤 8.2：为得到的解找到新的应用领域（超效应分析）

步骤8.2是确定如何以新的方式应用解决方案。任何新的创意解都会带来新的资源，当新的解决方案产生之后，继续分析新的应用点，即为解决方案找到新用途。例如：对于即将失效的专利，也可以通过分析后使其“再生”。不要把新的解决方案和创意留给竞争对手。这其实是一个典型的资源应用的过程，为现有系统赋予新的用途，直接获取更大收益，而无须花费时间和金钱来开发新系统。有的TRIZ出版物把这部分内容称为“超效应分析”。

下面举例说明如何为解决方案找到新用途。

【例3-6】童话故事光盘

张三有一家公司，主营产品是一种童话故事光盘。该光盘的特点是同一个故事包括五种语言的版本。这种光盘卖得很好，但由于价格比较低，利润很有限。张三希望在不开发新产品的情况下增加利润。于是他找到他的朋友——TRIZ专家李四。李四给了张三一个建议，张三回去照着做了，并没有对产品作更改，利润却增加了10倍。请问李四给了张三一个什么样的建议？

李四的建议是：将光盘定位为“这是一款能同时学习五种语言的好产品”，并编写相应的学习手册和使用说明，同时更换包装。“改头换面”后的产品重新上市，以新的价格出售，结果获利大增。事实上，产品本身并没有任何改变，只是产品的主要用途从“听故事”转变为“学习五种语言”。即使是同样的产品，用途变了，产品的价格也会发生变化，自然会带来新的获利点。

（三）步骤 8.3：将解决方案用于解决其他问题

步骤8.3主要尝试将产生的解决方案用于解决其他问题，可以通过以下步骤完成：

（1）概括解决方案的原理。

（2）考虑将原理直接用于解决其他问题的可能性。

（3）考虑使用相反原理的可能性。

（4）应用形态学方法：

①经典形态矩阵（可以以其他方式执行每个子系统以及所有选项的组合）；

②更改系统所在的环境——改变环境或聚合状态；

③更改子系统的位置；

④更改流程执行的顺序；

⑤改变细分市场；

⑥前面各步骤的各种重组，例如："子系统或其部分位置-产品的聚集状态"或"使用场-环境的聚集状态"等，并考虑根据这些对解决方案进行可能的重组。

（5）考虑通过极端改变系统参数来发现原理改变的可能性，逐渐将参数从现有的值更改为零、无穷大和负无穷大，确定发生质变的位置。这些质的变化可以导致解决方案发生质变，并有新的应用。

当然，如果人们的目的不仅仅是解决某个特定的问题，那么只要采用步骤8.3提出的方法，就有可能在既有原理的基础上发展出一套新的理论。

随着TRIZ的不断发展，近年来TRIZ专家提出了"功能导向搜索"以及"反向功能导向搜索（inverse function oriented research，IFOS）"[①]等新工具。这两个工具在其他TRIZ出版物里均有详细介绍，本书仅就这两个工具的要点进行简要介绍。

功能导向搜索是一种基于目前世界上已有的成熟技术进行功能分析的搜索解决问题的工具。它以功能为基准，找寻全球范围内可采用的科技，以实现特定功能。简而言之，功能导向搜索就是寻找在其他领域已有的方案，将其移植到本行业要解决的问题上来。

反向功能导向搜索则是通过识别现有技术和产品能够应用的潜在行业，为技术好、应用少的技术和产品寻找新的应用领域，解决科技成果的跨领域转化问题，在其他行业寻找应用创新解决方案的场景。

功能导向搜索和反向功能导向搜索其实都用于打破解决方案所属行业的思维惯性，使得跨行业知识借鉴成为可能，正所谓"隔行如隔山，但隔行不

① 也有的 TRIZ 出版物将反向功能导向搜索的英文名称定为 reverse function oriented research（RFOS）。

隔理”。这种方法比寻找新的解决方案要容易得多，也就是“不用发明的方法得到发明”。这两个工具既可以独立使用，也可以作为步骤8.3的主要工具来使用。

十、第九部分：发明问题解决过程的分析与改进

ARIZ-85C第九部分主要是提高使用ARIZ的技能。事实上，使用ARIZ解决问题的目的之一就是提高人们的创造力。为此，需要认真回顾和分析问题解决的过程，以便对算法进行改进。阿奇舒勒在世时，TRIZ实践者们会给他写信反馈使用ARIZ过程中遇到的问题，他本人会对其进行改进后融入下一版算法里。阿奇舒勒逝世后，几乎没有人去做这件事了。因此，第九部分更多地限于TRIZ专家、研究者和开发者使用。

ARIZ-85C的第九部分包括两个步骤，如图3-40所示。第九部分的输入是“实际解决流程”，输出是对流程的评估。

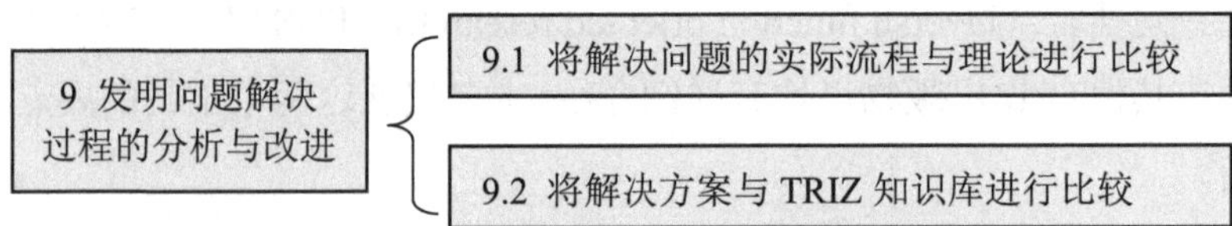

图3-40 ARIZ-85C第九部分的结构

ARIZ-85C第九部分的基本逻辑如图3-41所示。

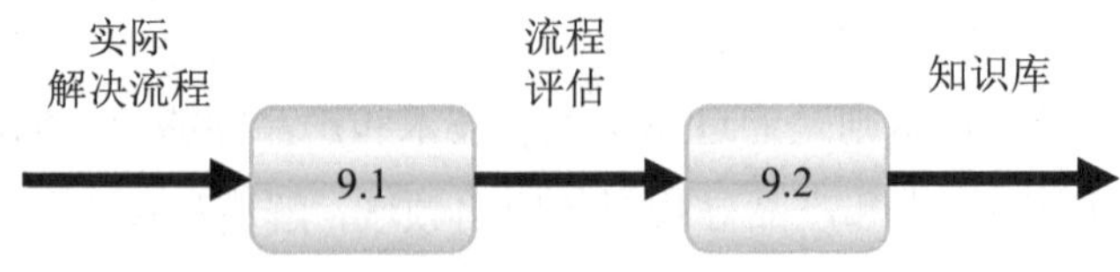

图3-41 ARIZ-85C第九部分的基本逻辑

（一）步骤 9.1：将解决问题的实际流程与理论进行比较

步骤9.1主要是对解决问题的实际流程和ARIZ的理论层面进行比较。通过

对解题流程的回顾，将实际解决流程与理想解决流程进行比较，如果存在偏差，则将其记录下来。这对于提高运用ARIZ解决问题的技能和改善ARIZ本身是非常必要的。通过比较，会很容易发现流程中存在的某些错误和不准确之处，将问题梳理出来，分析其产生的原因，以便在解决其他问题时注意。这样反复下来的结果是可以更快、更有效地掌握ARIZ。

（二）步骤 9.2：将解决方案与 TRIZ 知识库进行比较

步骤9.2是将获得的解决方案与TRIZ知识库（标准解、科学效应、发明原理、资源等）进行比较。如果知识库里没有这样的原理，则将其添加到知识库当中。

到此，ARIZ-85C的各部分内容就简要介绍完毕了。需要注意的是：ARIZ-85C在正式发布之前已经经过了大量的测试，并且在教学上得到了成功应用。初学者往往会犯一个错误，就是在使用ARIZ-85C成功解决了一个问题之后，会去修改ARIZ-85C的解题流程，但修改后的流程或许对已解决的某个特定问题非常有效，对于其他问题却没有什么效果，反而增加了解决其他问题的难度。因此不建议初学者一上来就去修改ARIZ-85C的流程，应在厘清各步骤之间的逻辑关系，并且经过相当数量的解题实践之后，再去考虑流程的改进和优化。当然，ARIZ是不断发展的，未来会有更多更好的版本，但在提出新版本和新的改进思路之前，应先经过大量的测试。

十一、ARIZ-85C小结

（一）ARIZ-85C 的总体逻辑回顾

ARIZ-85C所有步骤都是围绕ARIZ的三条主线及基本逻辑展开的。对于非标准问题来说，并不是一开始就能准确找到关键问题。通过问题不断收敛、资源不断发散，逐步将技术矛盾、理想最终结果、物理矛盾等揭示出来，让问题更加清晰并能够运用资源解决。图3-42展示了ARIZ-85C的总体逻辑。

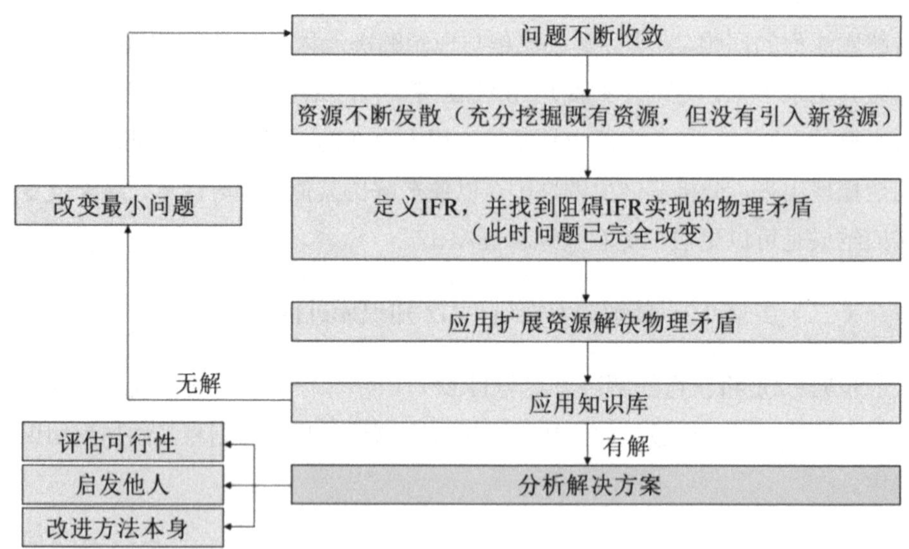

图3-42　ARIZ-85C的总体逻辑

各步骤之间的逻辑关系已在本章详细介绍，这里用一张图对其进行概括，如图3-43所示。这样，ARIZ-85C各步骤之间的关系就能一目了然了。简而言之，可以用“一二三四五”来概括。

（二）ARIZ-85C 的“一二三四五”

1.一：一个最小问题

这个很容易理解，最小问题在步骤1.1中就已经明确提出，也是需要解决的问题。

2.二：二个技术矛盾

在步骤1.3中提出了两个技术矛盾，并加以图形化表示。

3.三：三次使用标准解

ARIZ-85C前后三次提到了应用标准解解决问题，分别在步骤1.7、步骤3.6和步骤5.1。这三次使用标准解对于很多问题而言，尽管问题不同，但对应的物质-场模型可能是相同或相似的，且这三个步骤的内容看起来似乎也是重复的，但如果深究起来，还是有明显区别的，主要体现在标准解的类型和资源的利用方面，如表3-5所示。

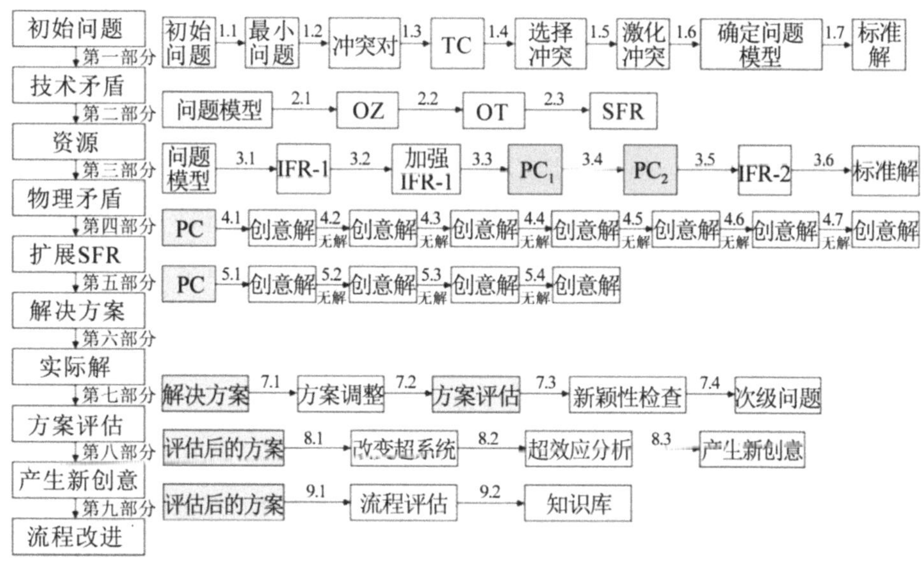

图3-43　ARIZ-85C各步骤之间的逻辑关系

表3-5　ARIZ-85C三次使用标准解的比较

步骤	使用情况
步骤1.7	所有可能的标准解都可以； 对资源的使用没有限制，只需要满足步骤1.6引入的X元素即可
步骤3.6	此步骤更强调使用S1.2“拆解物质-场模型”这类标准解； 其物质-场模型最好能满足IFR-2； 在资源的使用上重点考虑使用第二部分的现有资源（O、OZ、SFR）
步骤5.1	所有可能的现有资源都尝试过了，不得不引入新资源了； 这个新资源可以是第四部分找到的“新的”物质-场资源； 此时将新资源运用到标准解当中，产生新的解决方案

当人们先通过步骤1.7产生解决方案后，就可以跳过后续步骤，直接跳到第七部分。当然，仍然建议使用后面的步骤继续分析，以免由于之前的分析有问题，导致后续的解题环节出错。另外，“引入新的分析方法”也会产生其他或更好的解决方案。这样看来，步骤3.6和步骤5.1可以理解为“一题再解，一题多解”，尽管单纯从所使用的标准解来看和之前的步骤没什么区别，但解决

的问题却不相同。

实际上，ARIZ-85C的很多步骤都体现了标准解的内容，比如步骤4.3—4.7提到的五种寻找资源的方法在标准解里都有体现，特别是步骤4.6和4.7，尽管没有直接应用标准解，但这两步实际上就是对标准解的应用。

纵观ARIZ问题解决流程本身，不论在问题分析阶段提出了何种模型，真正用于解决问题的工具其实就是标准解。部分专家认为标准解是一个将TRIZ中的分离方法、技术系统进化法则等结合起来的高级工具，使用它可以规避很多不必要的分析。当人们熟练掌握标准解之后，就能够快速找到问题的解决方案了。

4.四：四个物理矛盾

ARIZ-85C前后蕴含着四个物理矛盾，分别出现在不同的步骤当中，只是有的是明确提出来需要求解的，有的则是暗含着不需要求解的，如表3-6所示。

表3-6　ARIZ-85C中的四个物理矛盾

步骤	物理矛盾
步骤1.3	两个TC的“如果”，这是暗含着的物理矛盾，属于“表面”层级，不需要求解
步骤3.3	IFR-1+SFR——宏观物理矛盾，这是需要求解的
步骤3.4	IFR-2+SFR——微观物理矛盾，这是需要求解的
步骤5.2	与步骤3.3和3.4相同或相似的物理矛盾，在其他领域有解，用其他领域的解来解决步骤3.3和3.4的物理矛盾

需要说明的是：步骤5.2的物理矛盾与步骤3.3和3.4的物理矛盾可以相同，也可以类似，但步骤5.2就是找这个相同或类似的物理矛盾在哪些领域有解，用这些解来求解步骤3.3和3.4的矛盾。

5.五：五个关系表达式

揭示ARIZ-85C各步骤之间关系的五个表达式如下：

（1）问题模型 = 工具 + 产品 + 激化冲突 +X元素的要求

（2）理想最终结果（IFR）= 资源（OZ、OT、SFR）+ 激化冲突

（3）物理矛盾 = 资源（物理状态）+ 激化的冲突要求

（4）结构化解决方案 = 主要的（属性 + 具体值） + 主要资源列表

（5）最终解决方案 = 所有的（属性 + 具体值） + 详尽资源列表

当掌握了ARIZ-85C的总体逻辑，并且熟悉了ARIZ-85C的“一二三四五”和解题流程之后，相信读者会更有信心掌握并使用ARIZ-85C解决实际问题。

十二、ARIZ-85C简易步骤

笔者基于向国内外TRIZ专家学习和自身长期实践，根据ARIZ的内在逻辑，对ARIZ-85C进行了重新梳理和优化，总结出了一套ARIZ-85C简易步骤。经过多轮实践完善，目前的版本共包括75个小步骤，故又称为“ARIZ-85C七十五式”。其以“填空题”“应用题”“选择题”“简答题”的形式，帮助读者更加快速准确地理解和应用ARIZ-85C解决实际问题。

根据前文的介绍，ARIZ-85C的前三部分具有较强的逻辑性，比较接近或符合算法逻辑的特点，因此这三部分的内容会分解得比较细致，更像是“填空题”。第四、五部分相对也比较好理解，就是按照步骤的提示使用相应工具寻找创意解即可，更像是“应用题”。第六部分在此简易步骤中被设计为“选择题”，有解和无解两个不同选项分别对应两个不同的接续步骤。第七、八、九三个部分被设计为“简答题”，按照步骤提示回答问题即可。“ARIZ-85C七十五式”基本设计思路如图3-44所示。

“ARIZ-85C七十五式”每一步最前面括号里的数字表示该步骤的对应序号，同时也是完成的先后顺序，该步骤内容里出现的括号及数字表示对应步骤的内容。例如：“（3）那么：（1）”表示步骤（3）中的“那么”后面对应的是步骤（1），即系统主要功能；“（10）产品：（1）的功能对象”表示步骤（10）中需要明确的“产品”实际上就是步骤（1）“系统主要功能”的功能对象；等等。

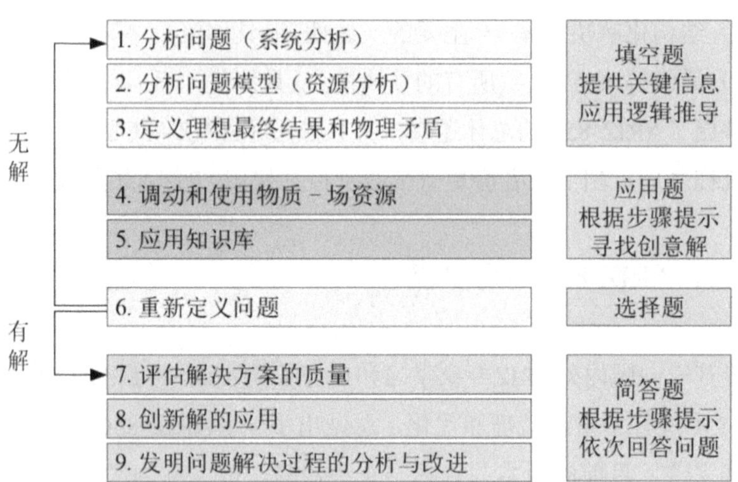

图3-44 “ARIZ-85C七十五式”基本设计思路

第一部分 分析问题

1.1 定义最小问题

（1）系统的主要功能：【请提供】。

（2）系统组件：【请提供】。

TC_1：

（4）如果：【请提供】。

（3）那么：（1）。

（5）但是：【请提供】。

TC_2：

（8）如果：［not（4）］。

（7）那么：［not（5）］。

（6）但是：［not（3）］。

注意：TC_1最先需要确定的是“那么”，然后才是“如果”和“但是”。TC_2最先需要确定的是“但是”（与TC_1的“那么”相反），然后才是“那么”（与TC_1的“但是”相反），最后才是“如果”（与TC_1的“如果”相反）。因此步骤序号也是按照确定的顺序排列的。

（9）最小问题：希望达到的目标是在系统改变最小的情况下，确保（3）

+（7）。

1.2 确定工具和产品（识别冲突对）

（10）产品：（1）的功能对象。

（11）工具：TC_1和TC_2中“如果”的主语。

（12）状态1：（4）。

（13）状态2：（8）。

1.3 技术矛盾的图形化表示（定义技术矛盾）

（14）TC_1【请画图】。

（15）TC_2【请画图】。

1.4 选择基础技术矛盾进一步分析（选择冲突）

选择执行有用功能好的TC_1。

（16）系统主要功能：（1）。

（17）如果：（4）。

（18）那么：（3）。

（19）但是：（5）。

（20）产品：（10）。

（21）工具：（11）。

（22）画图：（14）。

1.5 激化冲突

（23）如果：（4）足够……。

（24）那么：（3）能够100%/完全实现。

（25）但是：（5）的有害作用完全发挥。

（26）产品：（10）。

（27）工具：（22）。

1.6 描述问题模型

（28）有必要引入X元素，既能消除有害作用（24），又能保留有用功能（23），同时系统改变最小。

1.7 应用标准解

（29）将（14）转化为物质-场模型，并用标准解求解。

第二部分 分析问题模型

2.1 定义操作空间

（30）OZ:【请画图】。

2.2 定义操作时间

（31）T_1:【请提供】。

（32）T_2:【请提供，操作前的时间】。

2.3 识别物质-场资源

（33）列出SFR列表： 请列表 。

系统内部资源：

工具资源： 物质、参数、场

产品资源： 物质、参数、场

系统外部资源： 物质、参数、场

超系统资源： 物质、参数、场

第三部分 定义理想最终结果和物理矛盾

3.1 定义IFR-1

（34）在未对系统作太多改变且未引起任何有害结果的前提下，X元素自身在OZ（30）内和OT（31）期间消除了有害作用（25），且保留了有用功能（24）。

3.2 加强IFR-1

（35）在未对系统作太多改变且未引起任何有害结果的前提下，××资源（33）自身在OZ（30）内和OT（31）期间消除了有害作用（25），且保留了有用功能（24）。

注意：将（33）的资源逐个代入（35）里的（33）处。

3.3 宏观层面定义物理矛盾

（36）资源（33）参数应该是【请提供】，以消除有害作用（25）。

（37）且该参数应该是 not（36），以提供有用功能（24）。

3.4 微观层面定义物理矛盾

（38）在OZ（30）内有一种粒子，状态应该是【请提供】，以消除有害作用（25）。

（39）且粒子状态应该是 not（38）（或粒子不存在），以提供有用功能（24）。

3.5 定义IFR-2

（40）在OZ（30）内和OT（31）期间，资源（33）必须能够自行提供指定粒子的状态（38），以消除有害作用（25），且必须提供粒子的状态（39），以保留有用功能（24）。

3.6 应用标准解

（41）构建满足（40）的物质-场模型，关注“S1.2 拆解物质-场模型”的标准解，寻找解决方案。

第四部分 调动和使用物质-场资源

4.1 应用小人法

（42）用小人表达当前存在矛盾的状态。

（43）以小人构想达到目标的情景形式。

（44）构想达到目标情景时应提供小人需要的条件。

（45）改变小人，使其达到消除矛盾的目标情景。

（46）在现实中寻找替代小人的工程方案。

4.2 从IFR后退一步

（47）IFR：（34）+（40）。

（48）后退一步：IFR（47）的有害作用（25）“允许”微小实现，即【请提供a】，有用功能（24）实现受到微小“阻碍”，即【请提供b】。

（49）替换（47）：X元素自身在OZ（30）内和OT（31）期间消除了有害作用（48a），且保留了有用功能（48b）。

4.3 使用物质资源的组合

（50）将（33）的资源加以组合代入（35）或（40）。

4.4 使用“虚空”或与其结合的混合物

（51）将“虚空”+（33）的资源代入（35）或（40）。

4.5 使用派生资源

（52）将（33）改变相态/分解/重组后代入（35）或（40）。

4.6 使用场资源

（53）将“电场及其相互作用”代入（35）或（40）。

4.7 使用场及对场敏感的物质

（54）将“场和对场敏感的物质”代入（35）或（40）。

第五部分 应用知识库

5.1 应用标准解

（55）构建满足（50）的物质-场模型，用“引入物质/场”的标准解寻找解决方案。

5.2 应用问题类比

（56）在其他领域找到满足（35）或（40）的解决方案。

（57）对（56）解决方案作一般化处理。

（58）用（57）解决（35）或（40）。

5.3 应用分离方法

（59）应用分离方法解决物理矛盾（36）—（39）。

5.4 应用科学效应

（60）查找科学效应解决问题。

第六部分 重新定义问题

6.1 将结构化解决方案转化为实际解决方案

（61）如果有解，直接进入（64）。

（62）如果无解，返回到（15），选择TC_2，重复（16）—（60）。

（63）如果使用（62）还无解，返回到（1），重新定义问题。

第七部分 评估解决方案的质量

7.1 检查解决方案

（64）解决方案是否满足问题的要求。

——如果满足，直接进入（65）。

——如果不满足，<u>记下问题</u>，并返回到（62）。

7.2 解决方案的重新评估

请依次回答（65）—（68）这四个问题

（65）解决方案能否满足IFR-1？

（66）解决方案是否解决了物理矛盾？

（67）解决方案是否包括一些容易受控的组件？如果有，是哪些？如何实现控制？

（68）解决方案是否可以反复使用？

上述四个问题都不满足，返回到（62）。

7.3 验证解决方案的新颖性

（69）通过专利文献或数据库来验证解决方案的新颖性。

7.4 分析可能产生的次级问题

（70）提出可能产生的次级问题。

第八部分 创新解的应用

8.1 解决方案与超系统结合

（71）如何通过改变超系统得到想要的系统。

8.2 为得到的解找到新的应用领域

（72）超效应分析。

8.3 将解决方案用于解决其他问题

（73）反向功能导向搜索。

第九部分 发明问题解决过程的分析与改进

9.1 将解决问题的实际流程与理论进行比较

（74）将解决问题的实际流程与理论进行比较，如有不一致，请记下来，用于后续改善ARIZ。

9.2 将解决方案与TRIZ知识库进行比较

（75）在TRIZ知识库中有无类似的解决方案，如果知识库里没有，则将其添加到知识库当中。

第四章　ARIZ创新应用

本章将以案例分析的方式向读者介绍如何应用ARIZ-85C解决问题，并介绍ARIZ最新进展的代表成果——实用ARIZ。

一、案例分析

本节主要介绍使用ARIZ-85C解决问题的两个例子。

【例4-1】燃气管道灭火

1.问题情境

燃气管道内着火，如何防止火势蔓延？

解决这个问题的方法有很多，例如：发明一个可以防止管道内火势蔓延的设备，开发一个灭火系统以及其他方法。

为了从发明情境转化为发明问题，需要选择一个方向，然后确定具体的管理矛盾和问题的详细情境。

这里选择第一种方法：考虑使用防火装置来防止燃气管道中火势蔓延。选择一种灭火器，这种灭火器配有带孔的横向陶瓷刀片，将刀片插进去，能够防止火势蔓延，但同时也阻碍了气体通过管道。该如何解决这个问题？

2.问题分析

管理矛盾：难以移动气体。

按照ARIZ-85C的步骤逐步分析。

第一部分 分析问题

1.1 定义最小问题

灭火器——这是一个特殊术语。将其一般化，在这个情境里可以认为是“障碍物”。

1.1.1 确定系统的主要功能

管道的主要功能：输送气体（移动气体）。

障碍物的主要功能：防止火势蔓延（阻挡火）。

1.1.2 确定系统组件

管道、气体、障碍物、火。

1.1.3 确定有害作用（系统缺陷）

障碍物阻碍气体流动。

1.1.4 预期结果

对于障碍物，必须在系统变化最小的情况下不阻碍气体流动。

1.2 确定工具和产品（识别冲突对）

在识别冲突对之前，首先需要明确系统组件。对本问题而言，系统组件包括管道、燃气、障碍物、火。

接下来，通过两两分析的方法确定各组件之间是否存在冲突。气体在管道内良好地流动，因此管道与气体之间不存在冲突。管道可以很好地固定障碍物，它们之间也不存在冲突。按照类似的方法继续分析，不难看出：障碍物阻止气体流动、火点燃了气体、火加热管道，这些都是冲突。障碍物能够阻挡火，这是障碍物的主要功能，属于有用功能。

由于本问题与障碍物有关，因此火与管道、火与气体的冲突将不再继续分析，只考虑与障碍物有关的冲突。障碍物阻止气体流动，具有有害作用；同时障碍物又阻止火势蔓延，是一种有用功能。由此可知，这个问题里有一个工具——障碍物，两个产品——气体和火。

接下来，描述1.2的子步骤。

1.2.1 确定产品：气体（G），火（F）

1.2.2 确定工具：障碍物（R）

在下一个子步骤里选择工具的两个状态——障碍物的孔既可以大也可以小。

1.2.3 确定工具的两个状态

1.2.3.1 状态1：障碍物的孔大（R>）

1.2.3.2 状态2：障碍物的孔小（R<）

1.3 技术矛盾的图形化表示（定义技术矛盾）

1.3.1 在状态1下定义TC_1［状态1，对应于1.2.3.1：障碍物的孔大（R>）］

1.3.1.1 TC_1的描述

带有大孔的障碍物可以令气体自由移动，但无法阻止火势蔓延。

1.3.1.2 TC_1的图形化表示（图4-1）

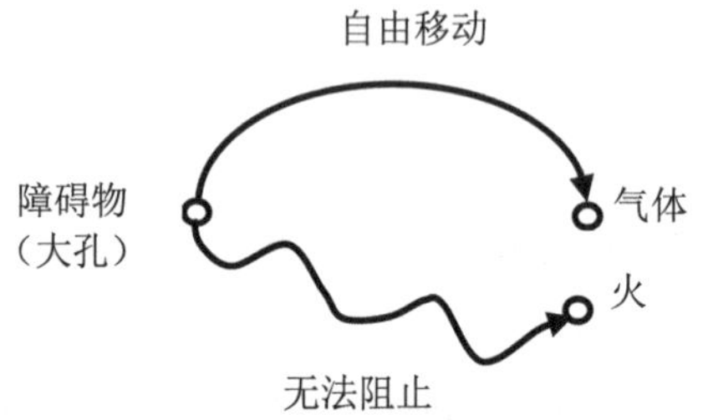

图 4-1 TC_1的图形化表示

1.3.1.3 验证矛盾的表述与图形是否一致

工具“障碍物”的状态1是“大孔”，在工具的下方用括号标注。

直线箭头表示有用功能，上面标有“自由移动”，表示“带有大孔的障碍物可以令气体自由移动”。

波浪箭头表示有害作用，下面标有“无法阻止”，表示“带有大孔的障碍物无法阻止火势蔓延”。

可以看出，图形和语言表述一致。

1.3.2 在状态2下定义TC_2［状态2，对应于1.2.3.2：障碍物的孔小（R<）］

1.3.2.1 TC_2的描述

带有小孔的障碍物可以阻止火势蔓延，但会阻碍气体自由移动。

1.3.2.2 TC_2的图形化表示（图4-2）

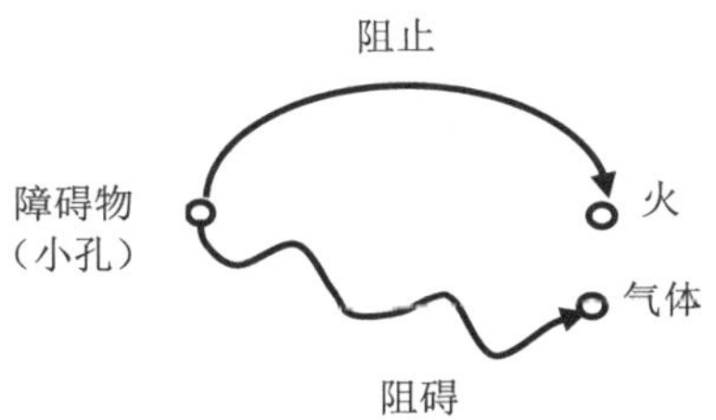

图 4-2　TC_2 的图形化表示

1.3.2.3 验证矛盾的表述与图形是否一致

按照1.3.1.3的验证过程，图形和语言表述对应一致。

1.3.3 验证步骤1.3.1和步骤1.3.2的正确性

由于这些表述完全合规，因此冲突对的选择没有问题。

在步骤1.2中，冲突对可以是障碍物与气体、障碍物与火。那么到了这里就需要调整冲突对了。这样的迭代过程对于准确地表述矛盾及识别根本原因非常有帮助。

1.4 选择基础技术矛盾进一步分析（选择冲突）

1.4.1 阐明系统的主要功能

返回步骤1.1.1，不难看出这个系统有两个主要功能。建议按照这两个方向继续往下进行，可能得到两个基本的解决方案，也可能是一个能直接满足两个方向的解决方案，尽管这在形式上只考虑管道的主要功能——输送气体。

（1）天然气管道的主要功能：气体没有阻碍地自由移动。

（2）障碍物的主要功能：防止火势蔓延。

接下来，从两个方向进行分析。

1.4.2 从步骤1.3所述的两个技术矛盾（TC_1和TC_2）中选择一个技术矛盾，使其与主要功能相对应

选择TC_1：气体在管道中的移动没有阻碍。

1.4.3 明确所选冲突中工具的状态

选择“障碍物的孔大（R>）”。

1.5 激化冲突

令工具的状态达到极限，实现冲突激化。

（1）如果障碍物的孔径非常大，大到等于管道的内径，这样就相当于障碍物不存在了。

（2）如果障碍物的孔径非常小，小到0，则障碍物变成了坚固的“墙壁”，则没有孔。

1.6 描述问题模型

1.6.1 确定冲突对

（1）气体、火和具有大孔的障碍物（障碍物不存在）。

（2）气体、火和具有小孔的障碍物（坚固的“墙壁”）。

1.6.2 定义激化冲突

（1）具有大孔的障碍物（障碍物不存在）根本不会阻挡气体通过，但也完全不会阻止火势蔓延（图4-3）。

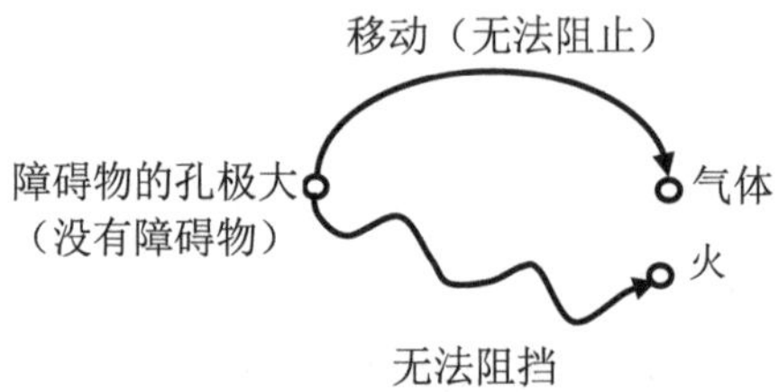

图 4-3　问题模型 1

（2）具有小孔的障碍物（坚固的“墙壁”）可阻止火势蔓延，但也会阻挡气体通过（图4-4）。

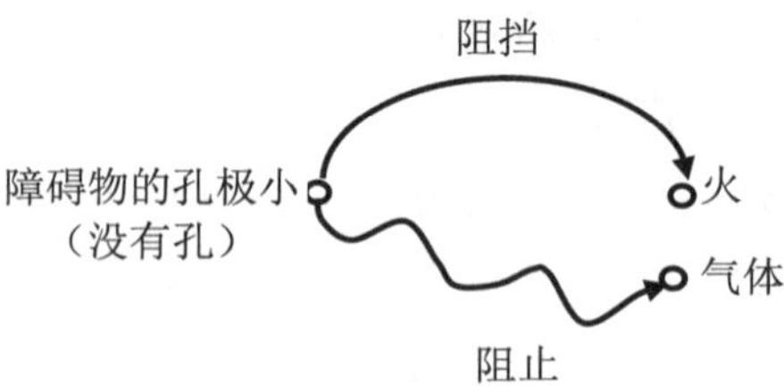

图 4-4　问题模型 2

1.6.3 引入X元素

（1）X元素不会延缓（阻止）火势蔓延，也不会干扰气体自由移动（图4-5）。

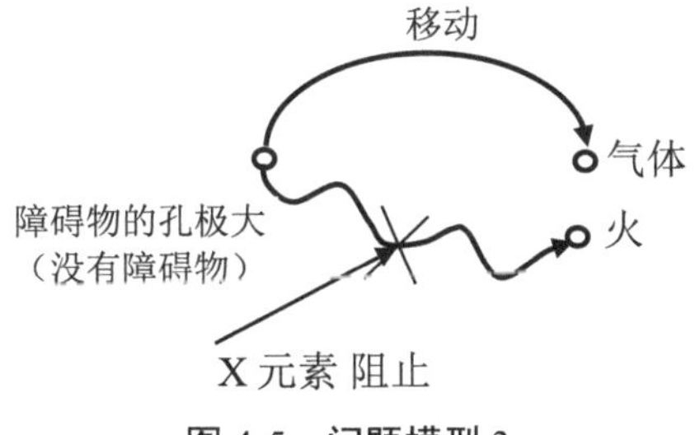

图 4-5 问题模型 3

（2）X元素可让气体自由移动而不受障碍物的阻挡，同时还能使障碍物像一堵墙那样阻止火势蔓延（图4-6）。

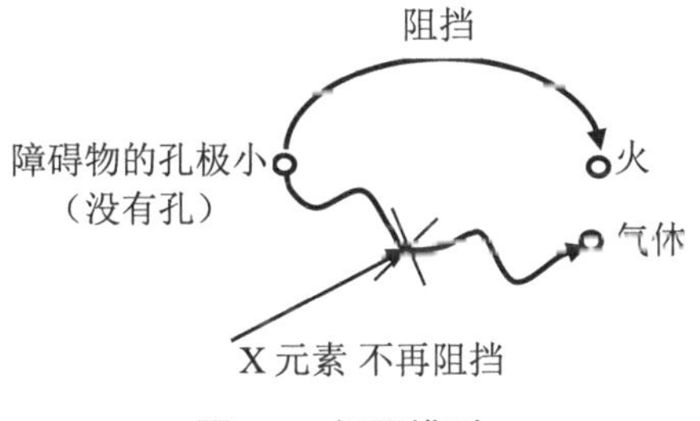

图 4-6 问题模型 4

1.7 应用标准解

1.7.1 没有障碍物

假定：S_1——气体；S_2——障碍物（在这种状态下，障碍物不存在）；F_1——气体压力，产生气流；F_2——火。可以构建物质-场模型如图4-7所示。

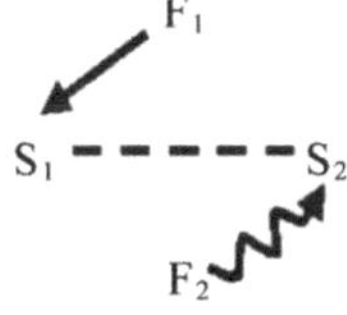

图 4-7 物质-场模型 1

S_2和F_2之间存在有害作用，用波浪线表示；气体（S_1）和不存在的障碍物（S_2）之间缺乏场的作用，用虚线表示。

S_1和F_1的相互作用没有指导意义，这里不去考虑。继续转换物质-场模型如图4-8所示。

图 4-8　物质-场模型 2

很明显，这是一个不完整的物质-场模型，需要将其补充完整，如图4-9所示。这里引入S_3——阻燃物质。

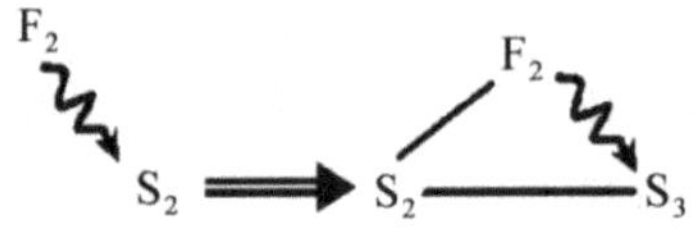

图 4-9　物质-场模型 3

继续分析另一个物质-场模型，如图4-10所示。图中，S_1——气体；S_2——障碍物（在这种状态下，障碍物不存在）；F_2——火。

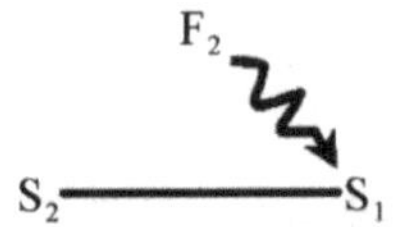

图 4-10　物质-场模型 4

针对这种情形，可以考虑增加一个新场F_3——阻燃场，如图4-11所示。

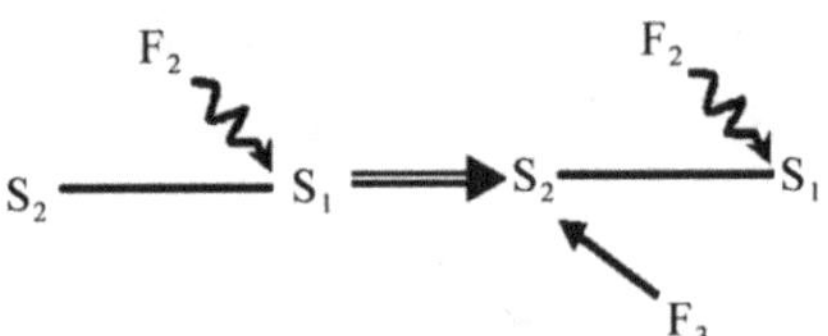

图 4-11　物质-场模型 5

1.7.2 墙一般的障碍物

假定：S_1——气体；S_2——障碍物（在这种状态下，障碍物的孔径小到0，就像墙一般，这里称为障碍墙）；F_1——气体压力，产生气流；F_2——火。可以构建物质-场模型如图4-12所示。

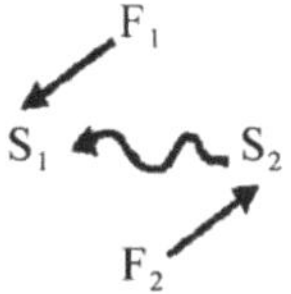

图 4-12 物质-场模型 6

由于障碍墙不允许气体移动，故气体（S_1）和障碍墙（S_2）之间存在有害作用。在此物质-场模型中，F_2的作用没有指导意义，这里不再考虑。继续转换物质-场模型如图4-13所示。

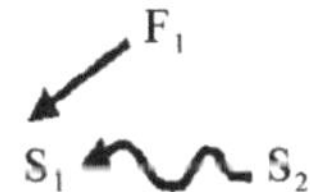

图 4-13 物质-场模型 7

针对这个存在有害作用的物质-场模型，可以考虑引入S_3：促进气体移动的物质，如图4-14所示；或者是S_4，即由S_1（气体）、S_2（障碍墙）或二者的变体（S_1'、S_2'）生成，如图4-15所示。显然，S_4更为理想。

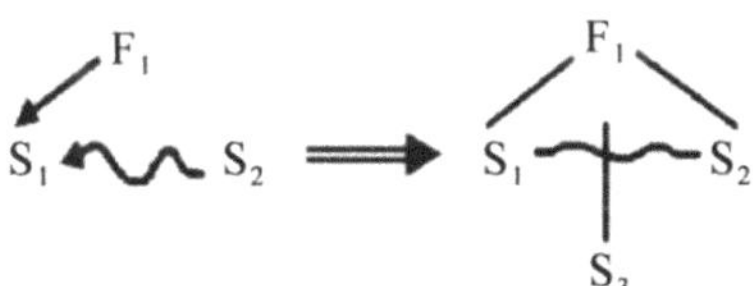

图 4-14 物质-场模型 8

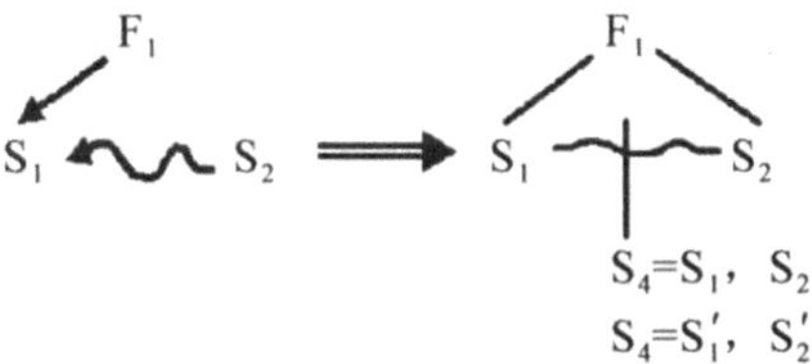

图 4-15 物质-场模型 9

第二部分 分析问题模型

2.1 定义操作空间

回顾1.6可以确定障碍物的两个状态：没有障碍物（孔径大到一定程度）、

墙一般的障碍物（孔径小到0）。

对于本问题而言，操作空间是管道内部容积的狭窄部分。

为了便于读者更好地理解操作空间的概念，这里对其可能的取值范围进行了限定。先前对操作空间的定义是一个广义上的表述，下面将进行狭义的定义。

如果没有激化冲突，那么可以将操作空间视为障碍物孔及其周围区域以及相邻边界，甚至还可以更为狭窄——一个点，此时也就明确了操作空间的极限。

2.2 定义操作时间

这里需要考虑冲突发生的时间T_1和初步准备时间T_2，在T_2期间避免冲突出现：

（1）T_1——火势蔓延的时间。

（2）T_2——气体移动的时间（通常这段时间被认为是初步准备时间）。

2.3 识别物质-场资源

2.3.1 列出SFR，如表4-1所示

表4-1 识别的物质-场资源

物质-场资源	物质	场
1 系统（内部）资源		
1.1 工具（障碍物）	陶瓷	—
1.2 产品		
气体	气体	气体移动、压力、运动
火	—	温度、火势蔓延
2 可用（外部）资源（管道）	金属	—
2.1 环境中的资源		
2.1.1 工具 （障碍物）	气体、金属管道	—
2.1.2 产品		
气体	管道、障碍物	温度、火势蔓延
火	管道、障碍物	气体移动
2.1.3 工具与产品的结合		
2.2 通用资源	空气、水等	重力场、磁场等
3 超系统资源		
3.1 管道	金属	压力

（续表）

物质-场资源	物质	场
3.2 泵站	各种材质	压力、运动
4 废弃物资源（燃烧过程产生的）	燃烧气体、二氧化碳	温度
5 廉价资源 （气体、燃烧产物）	燃烧气体、二氧化碳	温度

2.3.2 定义操作参数——系统内的物质-场资源

根据表4-1确定该问题模型的其他操作参数。由于操作参数应该在操作空间和操作时间内寻找，因此应考虑系统内的物质-场资源，例如：陶瓷、气体、压力、温度等。

对于本问题而言，废弃物和廉价资源没有意义，因为最好不要出现燃烧过程。当然，其他的物质-场资源也可以用于解决矛盾并形成其他的解决方案。

第三部分 定义理想最终结果和物理矛盾

3.1 定义IFR-1

在不使系统变得更复杂且未引起任何有害结果的前提下，X元素自身在OZ内（管道内部空间）和OT期间（火灾形成期间）阻止火势蔓延，并保留气体能自由通过的有用功能。

3.2 加强IFR-1

注意：系统不能引入新的物质和场，必须使用SFR。

3.2.1 针对产品和工具的加强IFR-1

“没有障碍物”：（气体及其压力或温度）自身在不会引起有害作用的前提下，防止在管道内部空间内、火灾形成期间发生火势蔓延，从而能够移动气体。

“墙一般的障碍物”：（陶瓷、气体及其压力或温度）自身在不会引起有害作用的前提下，防止在管道内部空间内、火灾形成期间发生火势蔓延，从而能够移动气体。

3.2.2 定义产品的增强IFR-1

气体本身可以防止火势蔓延，而不会干扰其在管道中移动。

压力本身可以防止火势蔓延，而不会干扰气体移动。

温度本身可以防止火势蔓延，而不会干扰气体移动。

3.3 宏观层面定义物理矛盾

3.3.1 X元素在宏观层面的物理矛盾

发生火灾时，管道内的X元素（带火的气体）不能移动，以防止火势蔓延；并且必须移动，以免干扰气体移动。

3.3.2 工具在宏观层面的物理矛盾

在发生火灾时，障碍物不允许气流移动，以阻止火势蔓延；并且允许气体移动，以保证气体通过。

3.3.3 产品在宏观层面的物理矛盾

气体必须不允许移动，以防止火势蔓延；并且必须允许移动，以保证其自由移动。

3.4 微观层面定义物理矛盾

OZ中的粒子必须阻止气体通过，也不能阻止气体通过。

OZ中的粒子必须产生阻碍气体移动的力，又不能产生阻碍气体移动的力，也就是“OZ必须产生力又不能产生力”。

3.5 定义IFR-2

发生火灾时，管道一部分空间应该阻止火势蔓延，而又不应阻碍气体移动（既要产生力，又要不产生力）。

3.6 应用标准解

通过消除有害的相互作用来解决该问题。考虑应用标准解S1.2——拆解物质-场模型。

3.6.1 S1.2.1 引入S_3消除有害作用

如果物质-场模型中的两种物质之间既有有用功能，又有有害作用（不一定需要物质直接接触），这样可以通过在两种物质之间引入与它们无关的第三种物质来解决问题，这种物质要免费或者成本足够低。

如图4-16所示，S_1——气体；S_2——障碍物（障碍墙）；F_1——气体压力，产生气流。针对这个有害作用的模型，可以引入S_3——促进气体移动的物质。

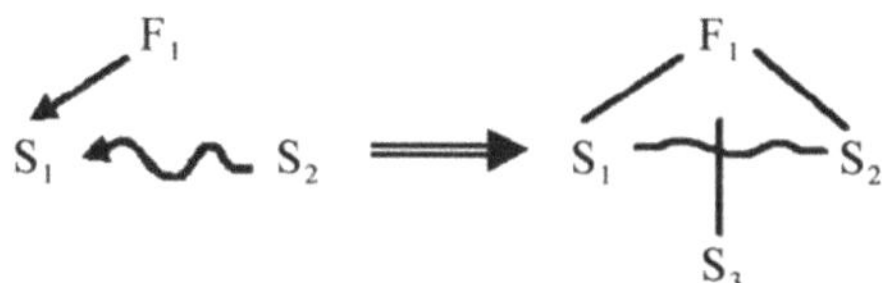

图 4-16 引入 S_3 消除有害作用示意图

3.6.2 S1.2.2 引入改进的S_1和（或）S_2消除有害作用

如果物质-场模型中的两种物质之间既有有用功能，又有有害作用（不一定需要物质直接接触），而且不能引入新物质，这样可以通过在两种物质之间引入改进的S_1和（或）S_2来解决问题。

针对这个有害作用的物质-场模型，可以考虑引入物质S_3。这个S_3可以由S_1（气体）、S_2（障碍墙）或二者的变体（S_1'、S_2'）生成，如图4-17所示。当然，如果通过气体生成S_3会更加理想。

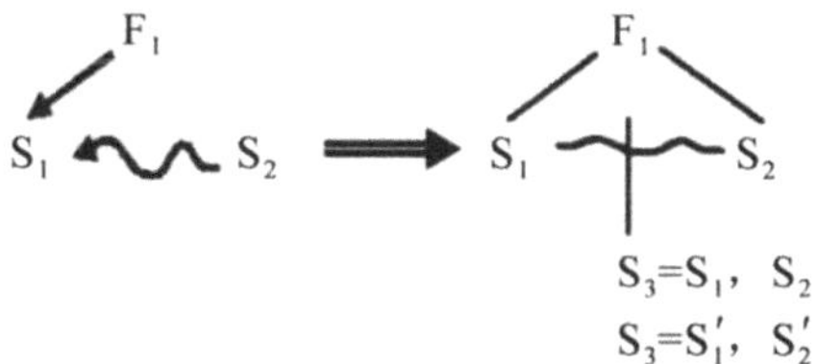

图 4-17 引入改进的 S_1 和（或）S_2 消除有害作用示意图

3.6.3 S1.2.4 引入新场消除有害作用

如果物质-场模型中的两种物质之间既有有用功能，又有有害作用，而且这两种物质存在直接接触，这样可以通过转换为双物质-场模型，或将有害作用转化为有用功能来解决问题。

针对这个有害作用的物质-场模型，可以考虑增加一个新场F_3——阻燃场，如图4-18所示。

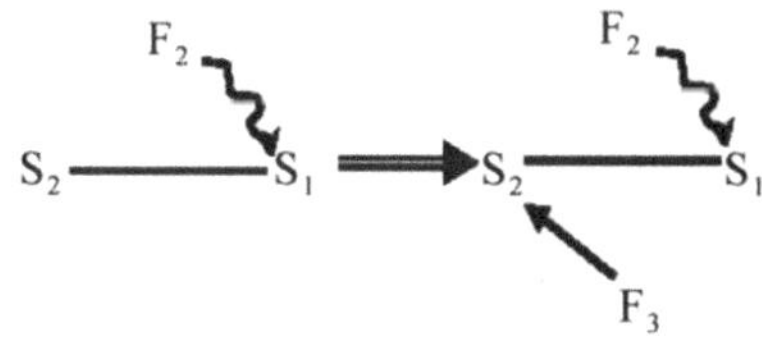

图 4-18 通过增加新场消除有害作用示意图

总结应用标准解可以得到以下方案：

（1）根据标准解S1.2.1，建议引入其他物质S_3。S_3应该防止着火，但在没有火的时候不能阻止气体通过。因此，S_3只需要在火灾期间（T_1）出现。

（2）根据标准解S1.2.2，引入的物质可以是障碍物（S_1）或气体（S_2），理想状态是不引入其他的障碍物，即直接使用S_2——气体。

（3）根据标准解S1.2.4，可以引入一个能阻止火势蔓延的场。

第四部分 调动和使用物质-场资源

4.1 应用小人法

4.1.1 使用小人法将宏观或微观物理矛盾表示出来

以小人的方式描述障碍物，如图4-19和图4-20所示。

图4-19显示了“存在墙一般的障碍物”时的冲突模型，图4-20显示了“缺少障碍物”时的冲突模型。这两幅图仅显示发生冲突的行为。

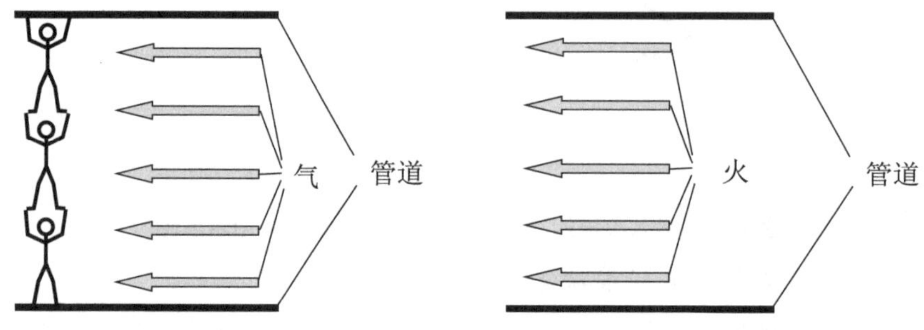

图4-19 冲突模型1　　图4-20 冲突模型2

4.1.2 改变模型，让小人“动起来”，消除矛盾

图4-21（a）显示没有火的时候不能有障碍物小人，但当有火的时候障碍物小人必须能堵住管道[图4-21（b）]，或用力阻止火以防止其蔓延[图4-21（c）]。小人在图4-21（b）中是用物质的形式表示的，而在图4-21（c）中则代表的是场。

4.1.3 转到相应的实际解决方案

提出方案后，请行业专家帮助给出实际解决方案。

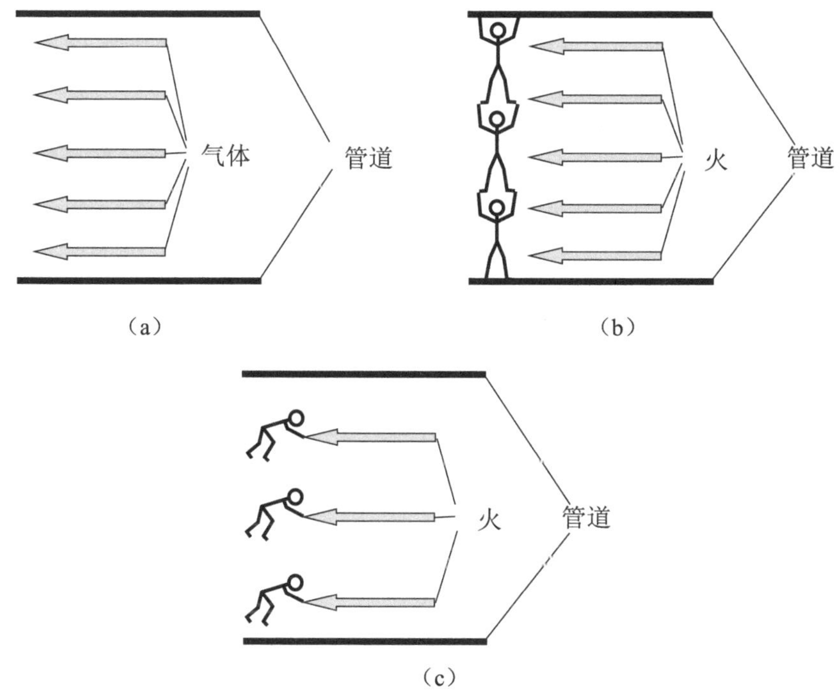

图4-21　解决冲突模型示意图

4.2 从IFR后退一步

此处对该步骤的介绍主要是作为教学示例，实践中运用这一步是有条件的。

4.2.1 指定IFR

在不使系统变得更复杂且未引起任何有害结果的前提下，X元素（障碍物或气体）自身在OZ内（管道内部空间）和OT期间（火灾形成期间）阻止火势蔓延，并保留气体能自由通过的有用功能。

4.2.2 从IFR后退一步

有轻微的火焰，轻微到几乎无法察觉，同时有一个微小（几乎可以忽略不计）的阻力使得气体不能自由通过。

4.2.3 从4.2.2到4.2.1的转换

第一，假设气体中存在某些成分，这些成分会在高温下释放出稀有气体，或专门引入一些在高温下能释放稀有气体的颗粒，以阻止火势蔓延。

第二，气体在常温下自由通过没有阻力，但在高温下，气体根本无法通过。

例如：障碍物可以由具有可逆形状的记忆材料制备而成，以实现这个功能。

4.3—4.7 使用物质-场资源的组合等

为了进一步改善问题的解决方案，考虑在第二部分中确定的操作空间（OZ：障碍物孔及其周围区域或发生火灾的狭窄区域）和操作时间（OT：着火的时间），其他资源这里暂不介绍。

第五部分 应用知识库

5.1 应用标准解

在步骤3.6中已经考虑了使用部分标准解，这里不再赘述。

5.2 应用问题类比

本问题将不考虑此步骤。

5.3 应用分离方法

（1）空间分离。本问题不允许应用空间分离来解决。

（2）时间分离。阻止火势蔓延的障碍物或力仅在“着火的时间”存在，其他时间不存在，因此可以应用时间分离来解决问题。

（3）向微观系统进化。通过应用效应来产生力。

（4）相态变化。温度升高会导致相态变化，利用这种相态变化堵住管道，阻止火势蔓延。

日本工程师Toyoki Kurosawa申请的第4072159号美国专利提出了一种管道安全阀设计思路。该安全阀的主要部件是塑料环。在正常温度下，该塑料环不会阻止气体或液体移动，一旦出现着火或爆炸，温度升高，塑料环会熔化成为泡沫，可以用来堵住管道。

当然，也可以使用二阶相态变化，例如形状记忆效应。采用具有可逆形状记忆效应的物质制备障碍物。该障碍物能够“记住”其形状，在正常情况下，其孔的大小等于管道的内径，而在高温下，则可以关闭孔。

还有一种情况，气体爆炸本身会关闭管道（第1360331号英国专利）。将圆筒放置在管状主体中，该圆筒通常通过软线固定，并且气体在管道壁和圆筒之间移动。一旦发生爆炸，圆柱体的锥形壁会紧密关闭气体流动通道。

（5）整体和部分分离。整个系统具有一种属性P，而其中一部分具有属性

anti-P：障碍物的孔允许气体通过，不允许火通过。

（6）向微观系统进化。通过灭火器的陶瓷插件向电极提供高压（苏联发明人证书：369913）。电场可以安全地阻止火焰从孔内通过，且孔的直径大于临界直径三倍，如图4-22所示。

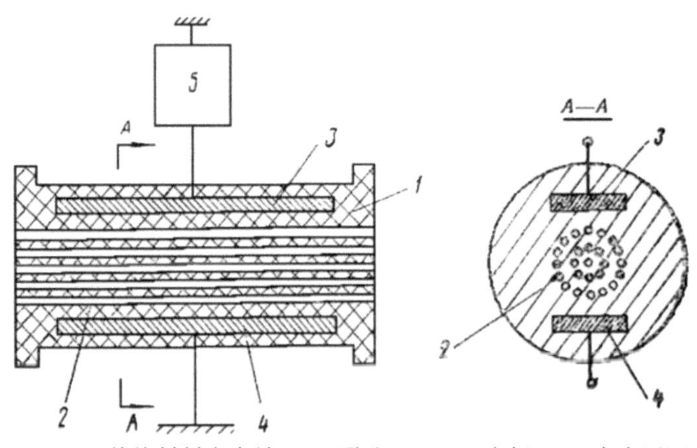

1—绝缘材料安全销；2—通孔；3、4—电极；5—高电压源

图4-22 灭火器横截面

5.4 应用科学效应

可以考虑使用物理效应来解决问题。

第六部分 重新定义问题

6.1 将结构化解决方案转化为实际解决方案

已经得到了解决方案，故无须操作第六部分其他的步骤了。

第七部分 评估解决方案的质量

7.1 检查解决方案

考虑引入的物质和场。

7.1.1 是否可以不引入新的物质-场资源，使用现有或派生的物质-场资源

现有可用物质资源有气体、管道材料，场资源有气压、热、温度等。用天然气灭火是不可能的，当然也不能使用管道材料。灭火的一个比较好的方法就是防止火与氧气接触，因此需要密封管道，即创建一个障碍物，但又无法用气体或管道材料来制备。

还有一个办法是用火灭火，但这种方法的使用条件很复杂，一般需要提前燃烧可燃物并大量消耗氧气从而阻止火势蔓延，更适合大规模的森林火灾，且使用成本很高。

7.1.2 使用自调节物质

可以使用一种自调节物质——具有可逆形状记忆的物质。

接下来进入对实际解决方案的调整环节，经分析后确定解决方案保持不变，所以这里无须调整。

7.2 解决方案的重新评估

7.2.1 解决方案能否满足IFR-1？

——能。

7.2.2 解决方案是否消除了物理矛盾？

——是。

7.2.3 解决方案是否包括一些容易受控的组件？如果有，是哪些？如何实现控制？

——所有解决方案均包含受控组件（物质或场）。

7.2.4 解决方案是否可以反复使用？

——具有可逆形状记忆材料及电场的使用，这两个方案可以重复使用。

如果最终的解决方案不满足评估问题中的至少一项，则返回到步骤1.1。

——该解决方案满足所有评估问题，无须返回到步骤1.1。

7.3 验证解决方案的新颖性

通过专利文献或数据库来验证解决方案的新颖性，上述解决方案的部分内容已经取得了专利。

7.4 分析可能产生的次级问题

有必要制作原型并进行测试。

第八部分 创新解的应用

8.1 解决方案与系统和超系统结合

这个问题的解决方案不是开创性的，因此需要与管道系统保持一致。

8.2 为得到的解找到新的应用领域（超效应分析）

所描述的解决方案可以用于在各种设备中阻止火势蔓延。

8.3 将解决方案用于解决其他问题

建议读者自行完成问题的构建和转换。

第九部分 发明问题解决过程的分析与改进

9.1 将解决问题的实际流程与理论进行比较

由于本案例是一个教学案例，故解决问题的实际过程与理论无异。

9.2 将解决方案与TRIZ知识库进行比较

解决方案可以通过识别类比问题的物理矛盾（跳过-不跳过）的方法来获得。另外，本案例还应用了物理效应，并在相应的专利（苏联发明人证书：369913）中有体现。

【例4-2】管道清洗

管道时常会发生堵塞，这时就需要对管道进行清洗。水动力清洗是一种常见的清洗方式，即通过高压水射流进行清洗，但这种方式需要消耗大量的水资源。如何解决这一问题？

本例将使用“ARIZ-85C七十五式”来完成分析。

第一部分 分析问题

1.1 定义最小问题

（1）系统主要功能：清洗污垢。

（2）系统组件：管道、污垢、水流。

TC_1：

（4）如果：水流压力大。

（3）那么：很好地清洗管道中的污垢。

（5）但是：用水量大。

TC_2：

（8）如果：水流压力小[not（4）]。

（7）那么：用水量小[not（5）]。

（6）但是：不能很好地清洗管道中的污垢[not（3）]。

（9）最小问题：希望达到的目标是在系统改变最小的情况下，确保（3）很好地清洗管道中的污垢，同时（7）用水量小。

1.2 确定工具和产品（识别冲突对）

（10）产品：污垢、水[（1）的功能对象]。

（11）工具：水流（TC_1和TC_2中的“如果”的主语）。

（12）状态1：（4）大压力。

（13）状态2：（8）小压力。

1.3 技术矛盾的图形化表示（定义技术矛盾）

（14）TC_1，如图4-23所示。

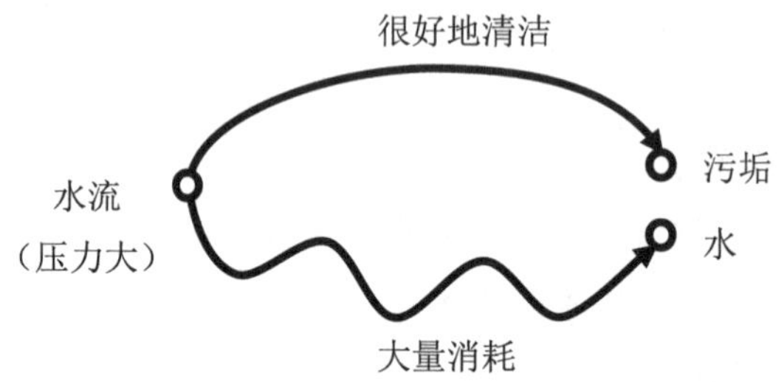

图 4-23　TC_1 示意图

（15）TC_2，如图4-24所示。

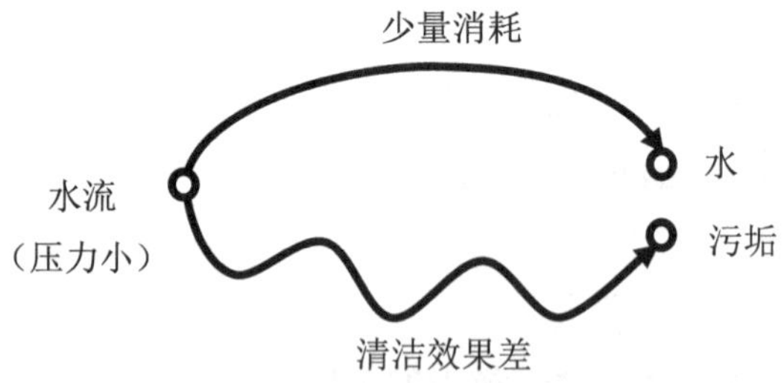

图 4-24　TC_2 示意图

1.4 选择基础技术矛盾进一步分析（选择冲突）

结合本题实际，要想更好地实现“管道清洗”这个功能，则需要选择TC_1。

（16）系统主要功能：（1）清洗污垢。

（17）如果：（4）水流压力大。

（18）那么：（3）很好地清洗管道中的污垢。

（19）但是：（5）用水量大。

（20）产品：（10）污垢、水。

（21）工具：（11）水流。

（22）画图：同（14），此略。

1.5 激化冲突

（23）如果：（4）水流压力足够大。

（24）那么：（3）完全清洗掉管道中的污垢。

（25）但是：（5）用水量极其大。

（26）产品：（10）污垢、水。

（27）工具：（23）足够大的水流。

1.6 描述问题模型

（28）有必要引入X元素，既能消除有害作用（25）用水量极其大（使用水量明显减少），又能保留有用功能（24）完全清洗掉管道中的污垢，同时系统改变最小。

1.7 应用标准解

（29）将（14）转化为物质-场模型，并用标准解求解，如图4-25所示。

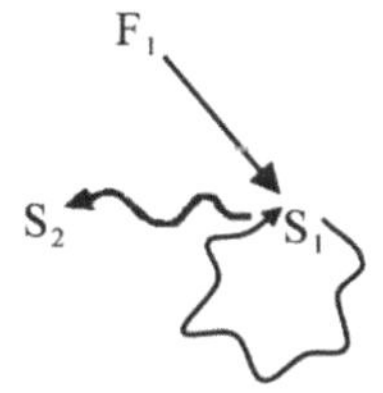

图 4-25　案例的物质-场模型

其中：S_2——污垢；S_1——水；F_1——水流的压力。

压力作用在水上，形成水流，用来去除污垢。如果是非常大的压力作用在水上，则会产生大量水，相当于是一个有害作用，用波浪线表示。

针对此类问题，可以使用标准解S1.2拆解物质-场模型。

①S1.2.1 引入外部物质（S_3）消除有害作用（图4-26）

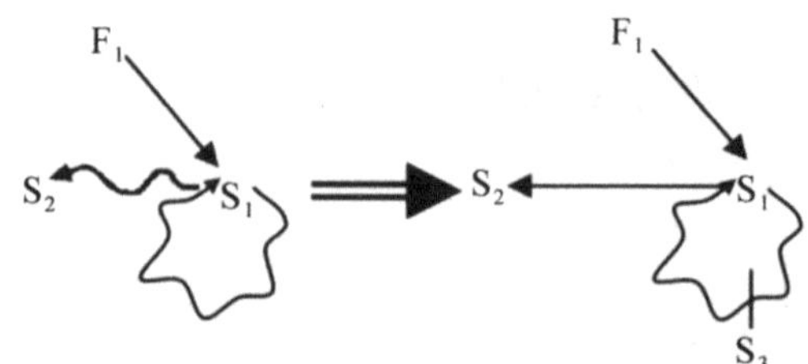

图 4-26　引入外部物质（S_3）消除有害作用示意图

其中：S_2——污垢；S_1——水；F_1——水流的压力；S_3——X元素。

②S1.2.2 引入改进的S_1和（或）S_2消除有害作用（图4-27）

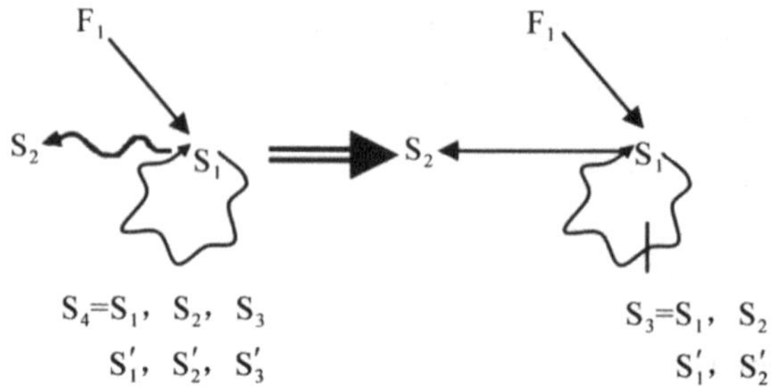

图 4-27　引入改进的 S_1 和（或）S_2 消除有害作用示意图

其中：S_2——污垢；S_1——水；S'_1——改进的水；S'_2——改进的污垢；F_1——水流的压力；S_3——X元素；S_4——现有物质S_1、S_2、S_3本身（$S_4= S_1$、S_2、S_3）或它们的变体（$S_4= S'_1$、S'_2、S'_3）。

③S1.2.4 引入新场消除有害作用（图4-28）

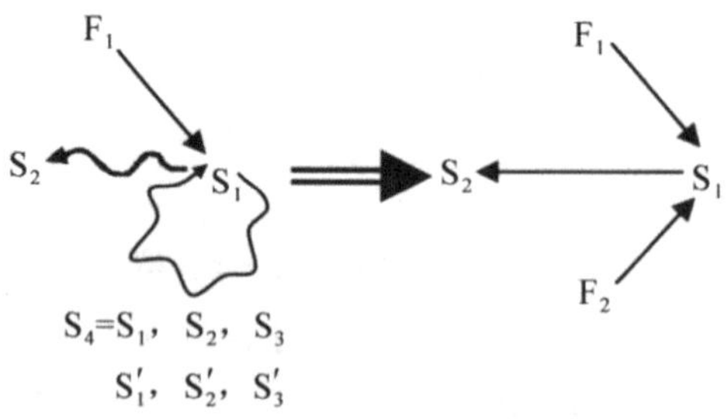

图 4-28　引入新场消除有害作用示意图

其中：S_2——污垢；S_1——水；S'_1——改进的水；S'_2——改进的污垢；F_1——水流的压力；F_2——X元素；S_4——现有物质S_1、S_2、S_3本身（$S_4= S_1$、S_2、S_3）或它们的变体（$S_4= S'_1$、S'_2、S'_3）。

现在还很难确定哪个标准解更适合该问题，还需要进一步分析。

第二部分 分析问题模型

2.1 定义操作空间

（30）OZ：需要清洁的区域。

2.2 定义操作时间

（31）T_1：清洗时间。

（32）T_2：清洗前的时间。

2.3 识别物质-场资源

（33）列出SFR列表。

①系统内部资源

工具：压力大的水流

产品：污垢、水

②系统外部资源

环境资源：水、空气

通用资源：水

③超系统资源

废弃物资源：污垢、脏水

廉价资源：水

第三部分 定义理想最终结果和物理矛盾

3.1 定义IFR-1

（34）在未对系统作太多改变且未引起任何有害结果的前提下，X元素自身在OZ（30 需要清洁的区域）内和OT（31 清洗时间）期间消除了有害作用（25用水量极其大），且保留了有用功能（24 完全清洗掉管道中的污垢）。

3.2 加强IFR-1

（35）在未对系统作太多改变且未引起任何有害结果的前提下，××资源（33，如水流）自身在OZ（30 需要清洁的区域）内和OT（31 清洗时间）期间消除了有害作用（25用水量极其大），且保留了有用功能（24）完全清洗掉管道中的污垢。

3.3 宏观层面定义物理矛盾

（36）资源（33，如水流）参数应该是 压力小，以消除有害作用（25 用水量极其大）。

（37）且该参数应该是 压力大 ，以提供有用功能（24）完全清洗掉管道中的污垢。

完整表述就是：在需要清洁的区域内和清洗时间内，水流的压力要小，为了降低用水量；水流的压力又要大，为了彻底清洗掉管道中的污垢。

3.4 微观层面定义物理矛盾

（38）在OZ（30 需要清洁的区域）内有一种粒子，状态应该是 低速移动 ，以消除有害作用（25 用水量极其大）。

（39）且粒子状态应该是高速移动，以提供有用功能（24 完全清洗掉管道中的污垢）。

完整表述就是：在需要清洁的区域内，有一种粒子必须高速移动，以清除管道中的污垢；并且必须低速移动，以降低用水量。

3.5 定义IFR-2

（40）在OZ（30 需要清洁的区域）内和OT（31 清洗时间）期间，资源（33，如水流）必须能够自行提供指定粒子的状态（38 低速移动），以消除有害作用（25 用水量极其大），且必须提供粒子的状态（39 高速移动），以保留有用功能（24 完全清洗掉管道中的污垢）。

换句话说：在需要清洁的区域内和清洗时间内，水流压力要大，但水量要小。

3.6 应用标准解

（41）构建满足（40）的物质-场模型，关注“S1.2 拆解物质-场模型”的标准解，寻找解决方案。

对此问题而言，可参见步骤1.7，并考虑应用以下标准解：S2.2.4提高动态性，S5.2.1使用一种场来产生另一种场，S5.2.2利用环境中已存在的场，S5.2.3使用能够作为场源的物质，S5.4.2增强场的输出。

第四部分 调动和使用物质-场资源

4.1 应用小人法

受篇幅所限，本部分仅给出（43）解决方案，其他使用小人法的步骤请读者自行补充完善。

（43）小人应缩小水流范围并将其引向污垢。

4.2 从IFR后退一步

（47）IFR：（34）+（40）压力大的水流可以高速清洗污垢，且只需要很少的水。

（48）后退一步：IFR（47）的有害作用 （25）用水量极其大 “允许”微小实现，即用水量不是很大，有用功能 （24）完全清洗掉管道中的污垢 实现受到微小“阻碍”，即水流速度不快。

（49）替换（47）：X元素自身在需要清洁的区域内和清洗时间内消除了有害作用，且保留了有用功能。本案例可以表述为：X元素自身在需要清洁的区域内和清洗时间内用水量不是很大，水流速度没有那么快。

如何实现（49）：可以让水流变小，增加流速。

4.3 使用物质资源的组合

（50）将（33）的资源加以组合代入（35），本案例的解决方案为：可以在污垢形成的位置让水流变小。

4.4 使用“虚空”或与其结合的混合物

（51）将“虚空”+（33）的资源代入（35），本案例的解决方案为：将压缩空气输送到水流中，就会形成气泡，清洁效果更好。

4.5 使用派生资源

（52）将（33）改变相态/分解/重组后代入（35），本案例暂无此类解决方案。

4.6 使用场资源

（53）将“电场及其相互作用”代入（35），本案例的解决方案为：使用液电效应[①]。

4.7 使用场及对场敏感的物质

（54）将“场和对场敏感的物质”代入（35），本案例的解决方案为：可

① https://baike.baidu.com/item/%E6%B6%B2%E7%94%B5%E6%95%88%E5%BA%94/3983035?fr=ge_ala。

参考4.3、4.4和4.6。

第五部分 应用知识库

5.1 应用标准解

（55）构建满足（50）的物质–场模型，用“引入物质/场”的标准解寻找解决方案。

对本题来说，可参见3.6。

5.2 应用问题类比

未发现其他类似的问题，无法应用问题类比得到方案。

5.3 应用分离方法

（59）应用分离方法解决物理矛盾。

①空间分离：只有在需要清洁的区域内才会有压力大的水流高速流动[参见（50）的解决方案]。

②时间分离：产生强的水流脉冲。

③系统级别分离：采取相应措施，使水流在需要清洁的区域处变得更强、流速更高，即水流应进一步减小。

5.4 应用科学效应

（60）详见4.6使用场资源（电场）。

第六部分 重新定义问题

6.1 将结构化解决方案转化为实际解决方案

（61）通过引入一个直径约为管道内径3/4的球体来减小水流。球体会在堵塞处停留并阻塞水流，即水流会缩小为原来的1/4，同时增加流速，并冲走污垢。如图4-29所示。

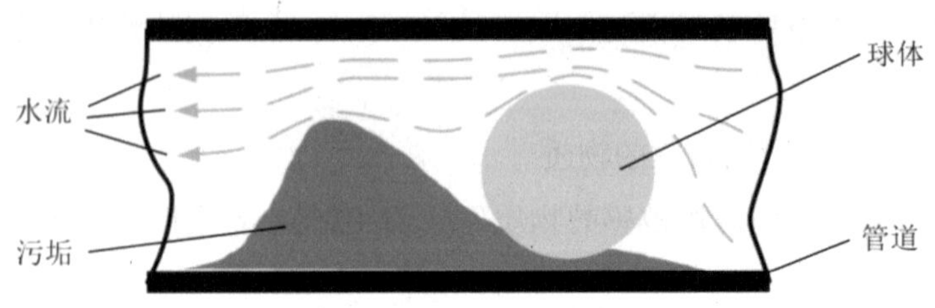

图4-29 解决方案示意图

此时已有解决方案，直接进入第七部分（64）。

第七部分 评估解决方案的质量

7.1 检查解决方案

（64）解决方案满足问题的要求，直接进入（65）。

7.2 解决方案的重新评估

请依次回答（65）—（68）这四个问题。

（65）解决方案能否满足IFR-1？——满足，水流压力大，流速高，但用水量小。

（66）解决方案是否解决了物理矛盾？——已解决。

（67）解决方案是否包括一些容易受控的组件？如果有，是哪些？如何实现控制？——（61）中的球体。

（68）解决方案是否可以反复使用？——可以反复使用。

7.3 验证解决方案的新颖性

（69）通过专利文献或数据库来验证解决方案的新颖性（略）。

7.4 分析可能产生的次级问题

（70）提出可能产生的次级问题：在设计、制造、测试和生产管道污垢去除装置等环节会面临的问题。此外，还必须解决清洗后如何从管道中取出球体的问题，并验证不同内径的管道，解决方案是否可行。

第八部分 创新解的应用

8.1 解决方案与超系统结合

（71）如何通过改变超系统得到想要的系统——本题无须改变超系统。

8.2 为得到的解找到新的应用领域

（72）超效应分析（略）。

8.3 将解决方案用于解决其他问题

（73）反向功能导向搜索（略）。

第九部分 发明问题解决过程的分析与改进

9.1 将解决问题的实际流程与理论进行比较

（74）比较发现，实际解题流程和理论一致。

9.2 将解决方案与TRIZ知识库进行比较

（75）在TRIZ知识库中没有找到类似的解决方案。

到目前为止，似乎没有一个案例完整地走完了所有40个步骤。前文也介绍过，前面三个部分是ARIZ-85C的核心，特别是对于初学者而言，很多时候使用前三个部分就能找到具有创新性的解决方案。因此，一些专家在介绍ARIZ-85C的时候，只对前三个部分作重点介绍。与其他部分内容相比，前三个部分更符合算法逻辑的特点。下面引用TRIZ大师Isak Bukhman（2012）在培训时举的例子来介绍如何只使用ARIZ-85C前三个部分解决问题。

【例4-3】射电望远镜的避雷针

射电望远镜被用来探测来自宇宙的无线电信号。为保护射电望远镜免遭雷击，需要在其附近安装避雷针。在射电望远镜实际使用过程中，发现避雷针会干扰接收到的信号（图4-30）。因此，如何在保证射电望远镜安全的情况下避免信号干扰，良好地接收信号？

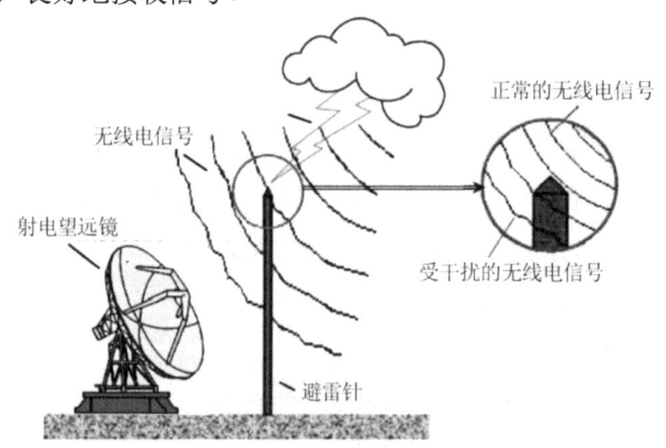

图4-30 射电望远镜

第一部分 分析问题

1.1 定义最小问题

选择技术系统：射电望远镜。

（1）系统主要功能：接收（来自宇宙的）无线电信号。

（2）系统组件：望远镜、无线电信号、避雷针和闪电。

TC_1：

（4）如果：减少避雷针。

（3）那么：接收的电信号不被干扰。

（5）但是：望远镜易遭雷击。

TC_2：

（8）如果：增加避雷针。

（7）那么：保护望远镜免遭雷击。

（6）但是：干扰电信号。

（9）最小问题：希望达到的目标是在系统改动最小的情况下，既能免遭雷击，又能正常接收电信号。

1.2 确定工具和产品（识别冲突对）

（10）产品：闪电、电信号。

（11）工具：避雷针。

（12）状态1：少。

（13）状态2：多。

1.3 技术矛盾的图形化表示（定义技术矛盾）

（14）TC_1，如图4-31所示。

（15）TC_2，如图4-32所示。

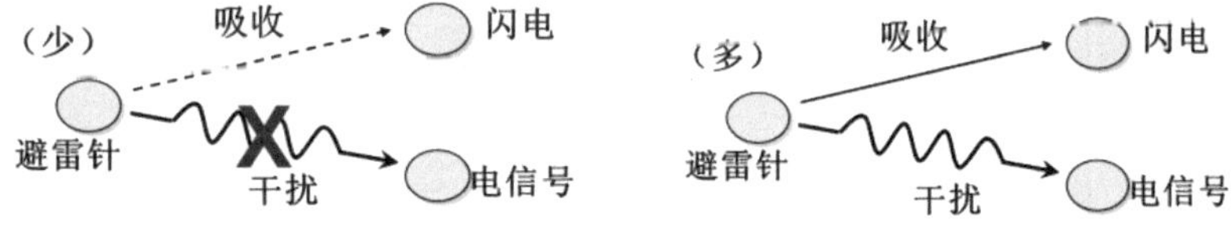

图4-31　TC_1示意图　　图4-32　TC_2示意图

1.4 选择基础技术矛盾进一步分析（选择冲突）

选择基础技术矛盾——TC_1。

（16）系统主要功能：接收（来自宇宙的）无线电信号。

（17）如果：减少避雷针。

（18）那么：接收的电信号不被干扰。

（19）但是：望远镜易遭雷击。

（20）产品：闪电、电信号。

（21）工具：避雷针。

（22）画图：[同（14）TC_1的图]。

到此，已经找到了一个需要解决的技术矛盾，可以用发明原理、科学效应、专利数据库等来解决这个矛盾。当然也可以继续往下进行。

1.5 激化冲突

（23）如果：没有避雷针。

（24）那么：接收的电信号100%不被干扰（不会失真）。

（25）但是：望远镜无法避免雷击。

1.6 描述问题模型：在步骤1.5条件下，指出步骤1.4中的产品和工具

（26）产品：闪电、电信号。

（27）工具：避雷针。

（28）有必要引入X元素，既保留了接收的电信号100%不被干扰的能力，又能为射电望远镜提供防雷保护，同时系统改变最小。

1.7 应用标准解

（29）将TC_1转化成物质-场模型（图4-33）。

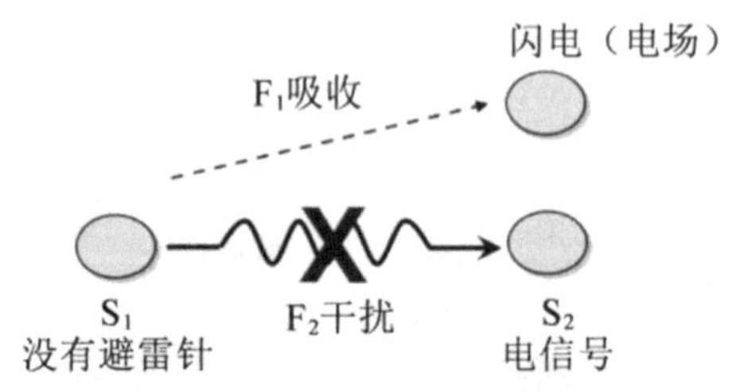

图 4-33　物质-场模型

第二部分 分析问题模型

2.1 定义操作空间

（30）OZ：没有避雷针，即空心的避雷针杆所占据的空间，画图表示（图4-34）。

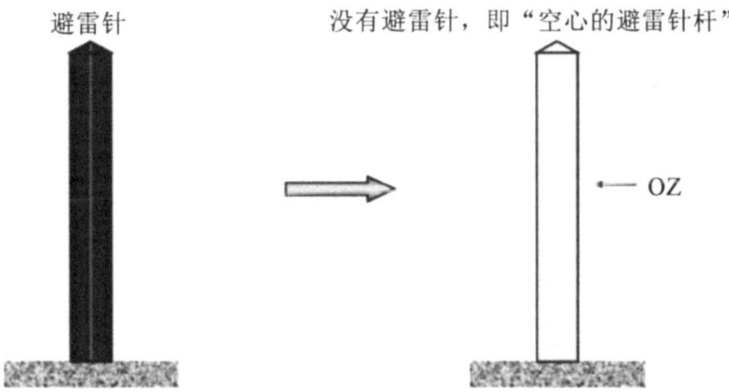

图 4-34 操作空间示意图

2.2 定义操作时间

（31）T_1：闪电放电的时间。

（32）T_2：闪电放电前的时间。

画图表示如图4-35所示。

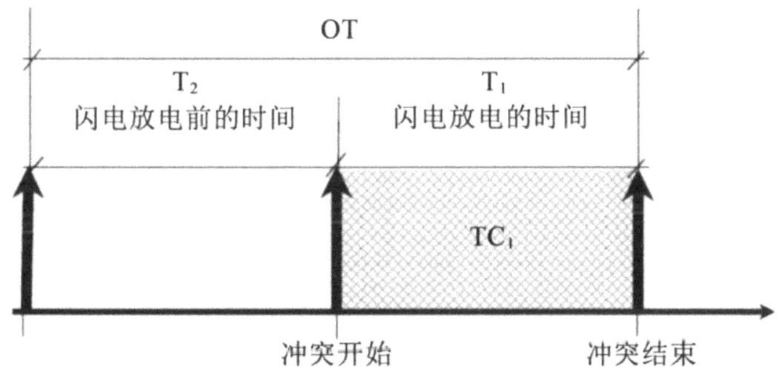

图 4-35 操作时间示意图

2.3 识别物质-场资源

（33）列出SFR列表（表4-2）。

表 4-2 物质-场资源

物质	参数	场
系统（内部）资源		
避雷针	直径、高度、电导率、状态	—
可用（外部）资源		
空气	电导率、温度、密度、压力	
电信号	频率、强度、功率	电场

（续表）

物质	参数	场
闪电	频率、强度、功率	电场
		热场
		重力场

第三部分 定义理想最终结果和物理矛盾

3.1 定义IFR-1

（34）在未对系统作太多改变且未引起任何有害结果的前提下，X元素自身可以消除冲突区域内和闪电放电时间内的电信号失真，还能为射电望远镜提供防雷保护（图4-36）。

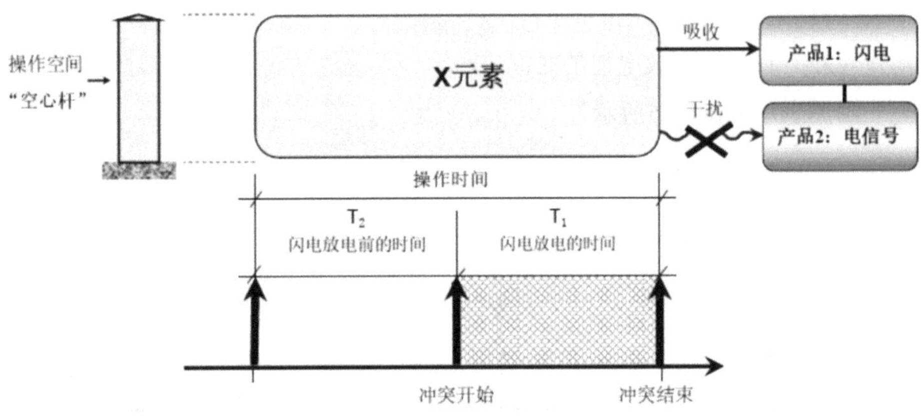

图 4-36 IFR-1 示意图

3.2 加强IFR-1（不能引入新资源）

（35）将（33）列表的资源逐一替代（34）的X元素，这里以“空气”为例。

IFR-1：在未对系统作太多改变且未引起任何有害结果的前提下，空气自身可以消除冲突区域内和闪电放电时间内的电信号失真，还能为射电望远镜提供防雷保护（图4-37）。

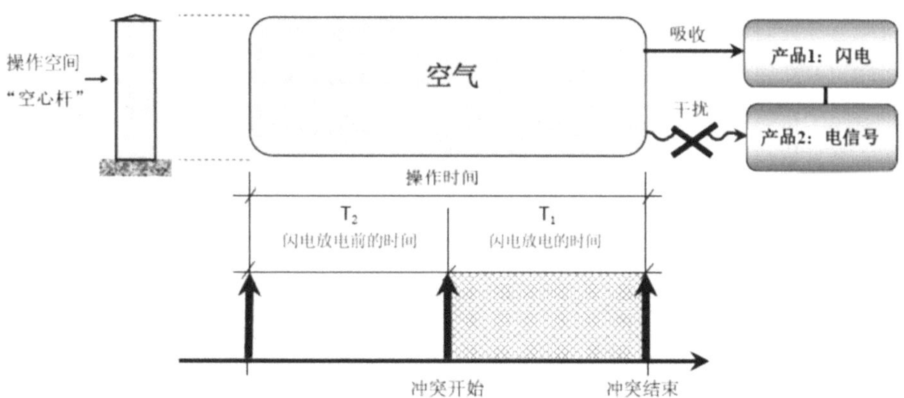

图 4-37　加强 IFR-1 示意图

3.3 宏观层面定义物理矛盾

针对（35）的每个IFR-1逐一建立物理矛盾（图4-38）。

（36）OZ内的空气（空气柱）应该导电，以吸收闪电。

（37）OZ内的空气（空气柱）不应该导电，以防止电信号被干扰（失真）。

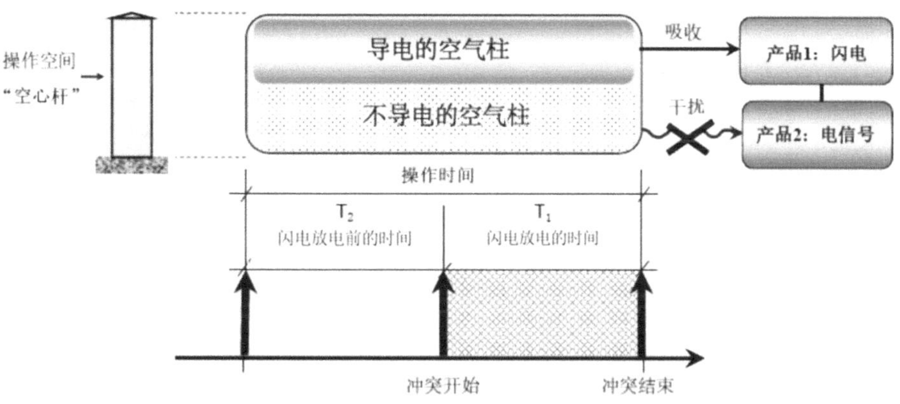

图 4-38　宏观层面定义物理矛盾示意图

针对该物理矛盾，可以产生一个解决方案：空气柱在闪电放电的瞬间应该是导电的，而在其他时间是不导电的（图4-39）。实际上，闪电放电是一种比较罕见的现象，而且很快就会结束。此时就产生了新问题：如何在放电时将空气柱转化为导体？放电结束后，导体如何立即消失？

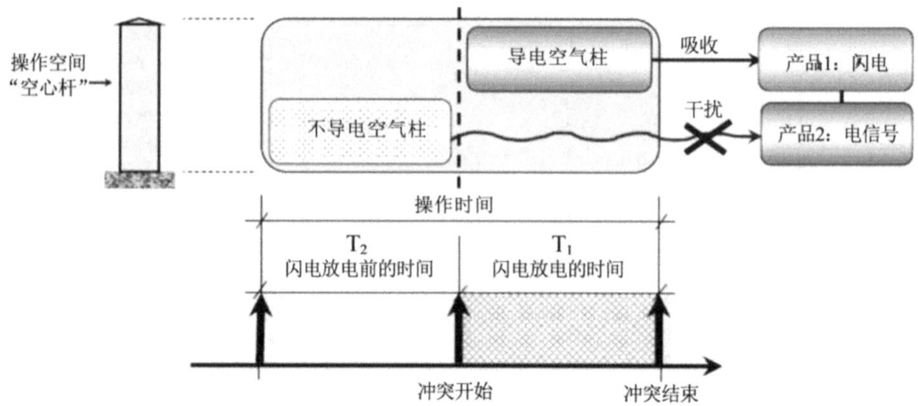

图 4-39　解决方案示意图

3.4 微观层面定义物理矛盾

（38）在空气柱内有一种粒子，闪电放电时，带电荷的粒子应在其中，以提供导电性（吸收闪电）。

（39）且粒子在其他时间应该不在空气中，以不提供导电性（消除电信号干扰），如图4-40所示。

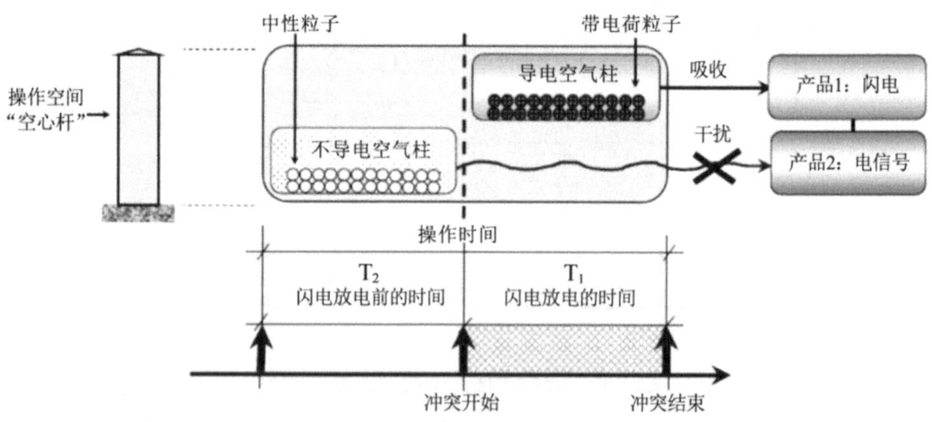

图 4-40　微观层面定义物理矛盾示意图

3.5 定义IFR-2

（40）在空气柱内和闪电放电期间，空气须由带电荷的粒子组成，以吸收闪电，且在空气柱内和闪电放电后，空气必须转化为中性粒子，以消除电信号干扰。

这样就可以明确，在闪电放电期间，带电荷的粒子出现在与环境空气不同的空气柱里。该电离空气柱充当“避雷针”，通过它将闪电接地。放电后，带电荷的粒子变成了中性粒子。这样就可以通过一些方法来区分空气柱里的空气和环境空气，如通过改变电导率、温度、密度、压力等参数，只在指定的OZ和OT内电离空气即可。

二、ARIZ的新进展——实用ARIZ

由于ARIZ 85C本身还存在一系列缺陷，为了更加有效地应用ARIZ解决实际问题，自1986年起，许多TRIZ专家开始了对ARIZ的改进和优化。其中较为典型的一个版本是ARIZ-2010，也称为“实用ARIZ”。

实用ARIZ是由TRIZ大师弗拉基米尔·彼得罗夫基于ARIZ-85C提出的，旨在帮助人们解决实际问题。他将实用ARIZ分为四部分，即分析问题、分析问题模型、定义理想解和物理矛盾、产生解决方案。与ARIZ-85C相比，实用ARIZ仅包含解决问题所必需的部分，篇幅也大幅缩减，更加聚焦最小问题，逻辑性也更加清晰。

实用ARIZ的文本和流程如下。

第一部分 分析问题

1.1　描述最小问题（无须专业术语）

1.1.1 确定改进对象

定义出现问题的技术系统（TS）。

规则1：在特定的工作情形下考虑对象。

规则2：所选对象在技术系统中会带来有害作用，这个有害作用是我们不能接受的。

规则3：如果问题涉及两个或两个以上的技术系统，则选择最有成效的那个技术系统。

1.1.2 系统的主要功能

定义在步骤1.1.1中选择的技术系统的主要功能。

定义主要功能遵循以下规则：

规则4：主要功能是针对特定工作情形下给定的技术系统的。

规则5：主要功能的措辞不应该包括对对象的特定实施方式，应该更加一般化，尽管这个技术系统是基于特定的设计和技术性能来实现的。

规则6：主要功能的对象必须是组件，即物质或场，信息可以视为信息系统分析中的组件。不能将参数或属性作为功能对象。

规则7：功能存在的标准是组件至少有一个参数发生变化。

规则8：功能的表述需要用反映改变功能对象参数的动词，诸如“提供”“改善”“实现”“防止”“排除”等，不能反映参数的更改行为。

规则9：功能的表述可以用“动词”（根据规则8定义）+“名词”（根据规则6定义）。如果有必要，可以在菜单项中增加一些其他内容，比如位置、时间、方向等，这些新增项可以用括号标注。

规则10：功能的动词部分不建议使用“不”，例如：“不移动”，功能必须是正向的。

规则11：确定技术系统的有用功能时，建议按照以下顺序：

（1）使用技术系统功能的原始表达，使其看起来符合功能的表述形式。

（2）验证该功能能否在技术系统运行中独立实现，即技术系统当中至少有一个组件参与该功能的实现。

（3）如果在步骤（2）中识别出了组件，需要确认“为什么要实现该功能”；如果没有识别，则需确认“如何实现该功能”。

（4）重复步骤（2）和（3），直到在系统中找到至少有一个组件可以实现该功能。

1.1.3 系统组成

确定所选技术系统中的组件（相当于该技术系统的子系统）。

规则12：技术系统仅由那些较高层级的组件组成。

规则13：如果子系统的任何组件对问题有必要的影响，建议将这些子系统以其原始形式分配到相互独立的组件中。

规则14：验证技术系统的结构中是否包含这些组件，并提出："如果没有这些组件，问题是否还存在？"

1.1.4 组件描述一般化

规则15：用一般化术语替换常用（较常见）的概念，这些概念应涵盖执行相同功能的更广泛的系统（组件）和现象，或执行更一般化的功能，这样做的目的就是减少思维惯性。例如：

（1）专业化表述或日常表述（如办公桌、剃须刀）。

（2）一般化表述（如工作台、切削工具）。

（3）功能术语（如维护、划分）。

（4）比喻的表述（如支持、切割/分离，也可以看作从孩童的视角来表述）。

（5）通用术语（如小工具）。

功能术语是最有效的。最好抽象为最基本的功能来描述，例如：剃须—切割—分离（胡须与人分离）。

1.1.5 有害作用（anti-B）

1.1.6 预期效果

有必要防止（或消除）有害作用，同时要实现有用功能（A），并且对系统的改变最小。

1.1.7 最小问题的完整表述

在对系统作最小改变的情况下，既能消除有害作用，又能保留有用功能。

规则16：初始技术系统的最小改变取决于用户允许的边界条件，一般来说有以下四个级别：

（1）改变技术（不改变设计）。

（2）改变设计（不改变工作原理）。

（3）改变工作原理（不改变主要功能）。

（4）改变主要功能。

1.1.7.1 技术系统的主要组件是1.1.3，主要功能是1.1.2

1.1.7.2 有害作用：1.1.5

1.1.7.3 只需要通过最小改变，即可消除有害作用1.1.5，并保持系统的有用功能1.1.6

注意：这一步的目的就是组织完善上述各部分的措辞，并连同最小问题一并描述。

1.2 描述冲突对

1.2.1 产品（请描述）

1.2.2 工具（请描述）

规则17：如果工具在这个问题里表现出有两个状态，则必须同时指定两个状态。

规则18：如果问题只在一对相互作用的组件发生，那么只需要将其作为冲突对即可，即同一工具、同一产品具有两个不同的作用。

注意：一个冲突对的组件可以是两个或三个。例如：两个不同的工具同时作用于一个产品，而一个工具会干扰另一个工具；或同一个工具同时作用于两个产品，其中一个产品会干扰另一个产品。

1.2.3 工具的状态

确定工具（或产品）的两个状态。这些状态必须能够显著提高有用功能的执行水平，或显著消除有害作用。

1.2.3.1 状态1：请描述。

1.2.3.2 状态2：与状态1相反的状态。

注意：如果难以选择冲突对（产品和工具）中的元素，或者不清楚冲突与哪些元素相关联，则可以创建元素之间的相互作用矩阵，如表4-3所示。

表4-3 相互作用矩阵

系统组件	1	2	……	*n*
1		+		
2				–
……	……	……		……
n				

注意：表中“+”表示存在冲突，“–”表示不存在冲突，空格表示不考虑

相互作用，*n*为系统的组件数。

1.3 定义技术矛盾（TC）

1.3.1 TC_1（请根据1.2.3.1确定的状态1描述）

1.3.1.1 TC_1的语言表述（A - anti-B）

工具（1.2.2）在状态1（1.2.3.1）时，对产品（1.2.1）提供有用功能1（A，请描述），同时产生了有害作用1（anti-B，1.1.5）。

1.3.1.2 TC_1的图形化表示（图4-41）

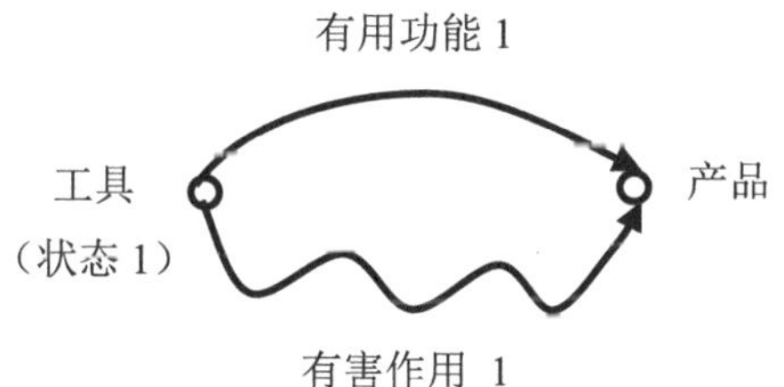

图 4-41　TC_1 示意图

1.3.1.3 验证语言表述是否符合图形要求

1.3.2 TC_2（请根据1.2.3.2确定的状态2描述）

1.3.2.1 TC_2的语言表述（B - anti-A）

工具（1.2.2）在状态2（1.2.3.2）时，对产品（1.2.1）提供有用功能2（B，请描述），同时产生了有害作用2（anti-A，请描述）。

1.3.2.2 TC_2的图形化表示（图4-42）

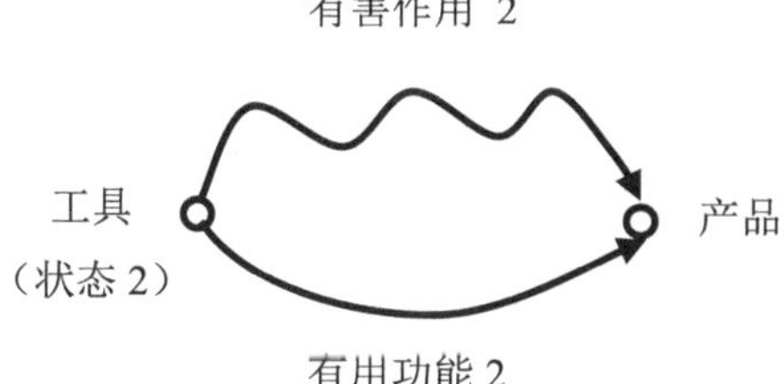

图 4-42　TC_2 示意图

1.3.2.3 验证语言表述是否符合图形要求

1.3.3 验证步骤1.3.1和1.3.2是否正确

规则19：如果TC_1的有用功能与TC_2的有害作用相反，而TC_1的有害作用与TC_2的有用功能也相反，则TC_1和TC_2的定义是正确的。当然这个要求不是强制性的，但通常来说，这种表述更加符合ARIZ的逻辑，并允许在更深层次的分析中确定问题的根本原因，以便寻求更高级别的解决方案。

1.4 选择冲突对

1.4.1 系统的主要功能：（请描述）

与步骤1.1.2进行比较，确定恰当的表述。

1.4.2 选择步骤1.3中能够执行主要功能（1.4.1）的技术矛盾：（请描述，通常是TC_1）

规则20：步骤1.3列出的两个技术矛盾，需要选择能够很好地执行主要功能的那个技术矛盾。

规则21：如果有两个有用功能，请选择能够执行超系统主要功能的那个技术矛盾。

1.4.3 选择工具状态：（请描述）

注意：这一步不是必需的。有时最好将两个冲突对一起分析，可能会得到两种不同的解决方案。

1.5 通过指定组件的限制条件（作用）来激化冲突

规则22：逐步激化，使问题发生质的变化。

可能有几个强化阶段会在本质上产生新问题。

规则23：必须将冲突激化到工具状态的实际极限。

规则24：对于大多数问题来说，矛盾类型主要是组件多与少、作用强与弱之间的矛盾。这里的“多与少”是指“组件过量”和“组件缺失”，“强与弱”则是指“作用过度”和“作用不足或无效”。因此，激化冲突往往与有害作用相关联：一是组件过多或作用过度，二是组件或作用缺失（或无效）。

1.6 建立问题模型

1.6.1 基于步骤1.5，激化冲突对（请描述）

1.6.2 在步骤1.5的基础上，表述激化的技术矛盾（请描述）

1.6.3 引入X元素

引入解决问题的X元素（必须保留/消除/改善/提供……）

X元素不允许（或消除）有害作用（请描述），而不会干扰工具（指定）执行有用功能（请描述），如图4-43所示。

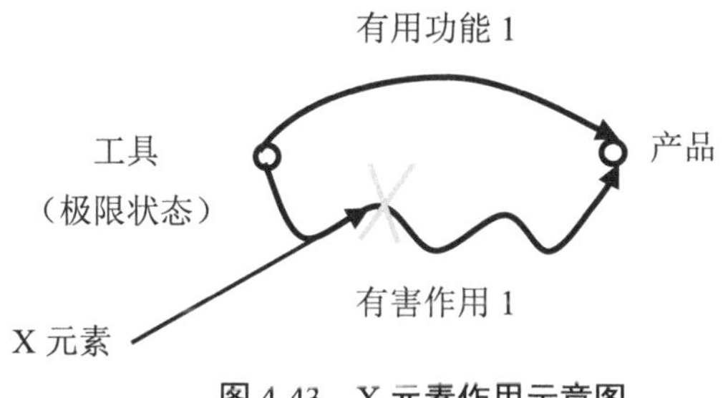

图 4-43　X 元素作用示意图

1.7 应用标准解

1.7.1 以物质-场模型的形式建立问题模型

1.7.2 进行物质-场模型转换

第二部分 分析问题模型

2.1 确定操作空间（OZ）

画图表示。

2.2 确定操作时间（OT）

T_1：冲突发生的时间（请描述）。

T_2：冲突发生前的时间（请描述）。

T_3：冲突发生后的时间（请描述）。

2.3 定义系统、外部环境和产品的物质-场资源（SFR）

2.3.1 填写物质-场资源列表（表4-4）

表4-4　物质-场资源（SFR）列表

物质-场资源	物质	场
1 系统内资源（冲突区域内）		
1.1 工具资源：请描述工具	填写	填写
1.2 产品资源：请描述产品	填写	填写

（续表）

物质-场资源	物质	场	
2 外部环境资源			
2.1 环境中的资源			
2.1.1 工具资源：请描述工具	填写	填写	
2.1.2 产品资源：请描述产品	填写	填写	
2.1.3 工具与产品的结合：请描述	填写	填写	
2.2 通用资源	空气、水等	重力、地磁场等	
3 超系统：请描述	填写	填写	
4 废弃物资源：请描述	填写	填写	
5 廉价资源：请描述	填写	填写	
6 其他资源			
6.1 参数：请描述	具体参数值		
6.2 结构：请描述	组件	连接	形状
6.3 流：请描述	物质流	能量流	信息流
6.4 功能：请描述	功能载体	功能对象	
6.5 信息：请描述	数据	知识	
6.6 系统：请描述	结果	过程	

2.3.2 定义操作参数

从表4-6中获取到系统内的SFR。

第三部分 定义理想解和物理矛盾

3.1 定义IFR

IFR：A，B

X元素在OZ和OT内，消除了有害作用，并保证工具完全执行有用功能（1.5），而且不产生任何有害作用，系统也不会变得更复杂。

3.2 使用资源加强IFR

3.2.1 工具

该工具（请描述）或其物质-场资源（请描述）在不产生有害作用的情况下，不允许（或消除）操作系统内的有害作用（请描述），并执行有用功能（请描述）。

3.2.2 产品

产品（请描述）或其物质-场资源（请描述）自身可以执行有用功能（请描述）。

3.2.3 功能

主要功能（1.1.2）在没有产品的情况下就可以执行。

3.2.4 无须执行该功能

例如由超系统执行。

3.3 定义物理矛盾（PC）

$$PC: P \rightarrow A, \text{anti-}P \rightarrow B$$

3.3.1 定义X元素的物理矛盾

在OZ和OT内，X元素应该是属性P，以消除有害作用anti-B，同时X元素应该是属性anti-P，以保证有用功能A的实现。

3.3.2 定义工具的物理矛盾

在OZ和OT内，工具（请描述）或其物质-场资源（请描述）应该是属性P，以消除有害作用anti-B，同时其应该是属性anti-P，以保证有用功能A的实现。

3.3.3 定义产品的物理矛盾

在OZ和OT内，产品（请描述）或其物质-场资源（请描述）应该是属性P，以消除有害作用anti-B，同时其应该是属性anti-P，以保证有用功能A的实现。

3.3.4 定义功能的物理矛盾

在OZ和OT内执行主要功能（请描述），其属性应该是P，以消除有害作用anti-B，同时其属性应该是anti-P，以保证有用功能A的实现。

3.3.5 定义超系统功能的物理矛盾

在OZ和OT内执行超系统功能（请描述），其属性应该是P，以消除有害作用anti-B，同时其属性应该是anti-P，以保证有用功能A的实现。

3.4 深度物理矛盾（PC_1）

$$PC_1: P \rightarrow P_1, \text{anti-}P \rightarrow \text{anti-}P_1$$

要保持步骤3.3的属性P，需要有一个属性P_1；同时要保持步骤3.3的属性anti-P，需要有一个属性anti-P_1。

3.5 深度物理矛盾（PC_2）

$$PC_2: P_1 \rightarrow P_2, \text{anti-}P_1 \rightarrow \text{anti-}P_2$$

要保持步骤3.4的属性P_1，需要有一个属性P_2；同时要保持步骤3.4的属性anti-P_1，需要有一个属性anti-P_2。

3.6 深度物理矛盾（PC_3）

$$PC_3: P_2 \rightarrow P_3, \text{anti-}P_2 \rightarrow \text{anti-}P_3$$

要保持步骤3.5的属性P_2，需要有一个属性P_3；同时要保持步骤3.5的属性anti-P_2，需要有一个属性anti-P_3。

实际上，从步骤3.4—3.6，每一步骤都相当于对前一个步骤产生的物理矛盾进行深度分析，找到能够满足上一步骤物理矛盾属性的那个新属性。例如：在步骤3.4中，相当于P_1/anti-P_1就是为了满足步骤3.3的P/anti-P，是P的深层次物理冲突；在步骤3.5中，相当于P_2/anti-P_2就是为了满足步骤3.4的P_1/anti-P_1，是P_1的深层次物理冲突。以此类推。

第四部分 产生解决方案

4.1 应用分离方法消除物理矛盾

按照表4-5的提示消除物理矛盾。

表4-5 消除物理矛盾的方法

消除物理矛盾的方法	具体方案
1 空间分离	
1.1 点-线-面-体及其反向变化	
1.2 向*n*维过渡	
1.3 使用向量	
2 时间分离	
3 系统级别分离	
3.1 系统变换	
3.1.1 系统组件变化：向超系统进化	
3.1.1.1 均质	
具有变化的属性	
3.1.1.2 非均质	
与替代系统结合	
附加	

（续表）

消除物理矛盾的方法	具体方案
与反系统结合	
3.1.2 属性变化：整体和部分具有相反的属性	
3.1.3 向微观系统进化	
3.2 相态变化	
3.2.1 部分系统或外部环境的相态变化	
3.2.2 利用系统某一部分的不同相态（根据情境将该部分从一种状态转换为另一种状态）	
3.2.3 利用与相变有关的现象	
3.2.4 用双相物质替代单相物质	
3.3 理化转变：物质的合成、分解与离子化、重组等过程导致物质变化	
4 条件分离	

4.2 应用资源

注意：使用资源解决最小问题的目的是“如何用最少的资源来获得最优的解决方案”，而不是使用所有资源。

4.2.1 使用第二部分中确定的资源

（1）使用系统资源。

（2）使用超系统资源。

（3）使用环境资源。

4.2.2 使用派生资源

（1）使用派生的物质资源。

（2）使用派生的场资源。

4.3 应用标准解

4.3.1 确定问题的类型：变更、测量

4.3.2 构造初始的物质-场模型（1.7）

4.3.3 确定使用哪一组标准解

4.3.4 应用适当的标准解

4.3.5 使用以下标准解开发系统

4.3.6 使用5级标准解以使解决方案理想化

4.4 应用问题类比

与以前使用ARIZ解决的非标准问题进行类比，考虑解决问题的可能性。

4.4.1 将新创建的物理矛盾与以往的物理矛盾进行比较

比较主要基于相反的要求及缺失状态的合理性。建议创建一个问题类比列表，如表4-6所示。

表4-6 问题类比列表

问题	信息来源	物理矛盾的种类			解决方案	一般化解决方案	类比问题	类比问题的特性
		主要资源	相互矛盾的需求	实际需求				
1								
2								
3								
4								

规则25：删除特定术语，一般化表述物理矛盾（参照规则15，步骤1.1.4）。

规则26：寻找消除该物理矛盾所使用的发明原理、效应等，明确这些变化对应的功能载体。

规则27：确定用于解决本问题物理矛盾的方法。

4.4.2 如果PC与类比的PC一致，则将类比PC的解决方案作一般化处理后，转化为该问题的解决方案

4.4.3 在知识库中记录此问题

4.4.4 如果没有任何类比的PC与之匹配，请在知识库中创建一个新的PC

规则28：如果存在功能矛盾（跳过-延迟），则必须明确对象的功能。类比可能会根据对象的不同而有所不同。

4.5 应用科学效应

应用功能-效应表，如果还没找到解决方案，需要单独考虑不同类型的效应。

4.5.1 应用物理效应

4.5.2 应用化学效应

4.5.3 应用生物效应

4.5.4 应用几何效应

4.6 应用发明原理

4.6.1 应用40个发明原理、10个补充发明原理及矛盾矩阵

4.6.2 应用“原理-反原理”

4.7 从理想解后退一步

4.7.1 理想最终结果（IFR，请描述）

4.7.2 从IFR后退一步

4.7.3 描述如何从4.7.2变化到4.7.1

4.8 应用小人法

4.8.1 用小人表达问题的矛盾

4.8.2 让小人“动起来”，通过改变小人的行为消除矛盾

4.8.3 形成技术方案

为了便于读者更好地理解和应用实用ARIZ，参照ARIZ-85C的表述方式形成以下模板。

第一部分 分析问题——将实际问题转化为发明问题

1.1 描述最小问题

技术系统（TS）：请写出该系统的名字

1.1.1 系统的主要功能：按照“主语+谓语+宾语”的格式列出

1.1.2 系统组成部分：列出系统的主要组件

1.1.3 有害作用：请准确补充

1.1.4 预期结果：准确补充想要得到的结果

1.1.5 最小问题的完整描述

一个技术系统的主要组件是1.1.2，主要功能是1.1.1，有害作用是1.1.3，只需要通过最小改变，即可消除有害作用1.1.3，希望的结果是1.1.4。

注意：不要用专业术语，要用一般化的语句表述。

1.2 描述冲突对

1.2.1 产品：1.1.1的宾语（功能对象）

1.2.2 工具：1.1.1的主语

1.2.3 工具的两个状态

1.2.3.1 状态1：请描述

1.2.3.2 状态2：请描述，与状态1相反的状态

注意：如果有多个冲突对，仅考虑你认为最重要的一个即可。对于检测和测量问题，可能要更多地考虑产品的环境。

1.3 定义技术矛盾

1.3.1 定义TC_1

1.3.1.1 TC_1的语言表述（A-anti-B）

如果：1.2.3.1。

那么：工具1.2.1对产品1.2.2的作用A实现了有用功能1.1.1。

但是：产生了有害作用 not B（1.1.3）。

1.3.1.2 TC_1的图形化表示（图4-44）

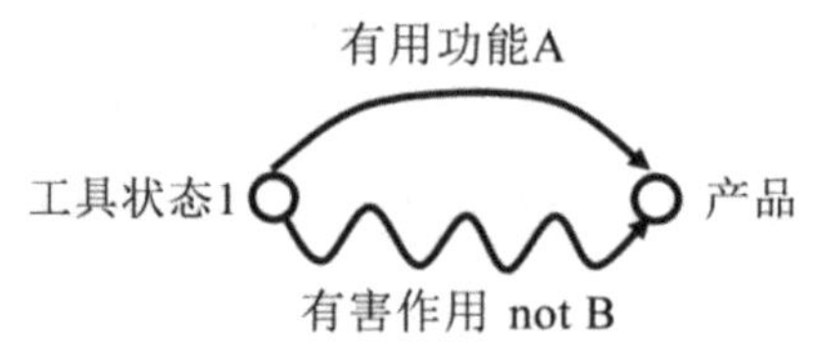

图 4-44　TC_1 示意图

1.3.1.3 验证语言表述是否符合图形要求

1.3.2 定义TC_2

1.3.2.1 TC_2的语言表述（B-anti-A）

如果：1.2.3.2。

那么：工具1.2.1对产品1.2.2的作用B实现了有用功能（not 1.1.3）。

但是：产生了有害作用 not A（not 1.1.1）。

1.3.2.2 TC_2的图形化表示（图4-45）

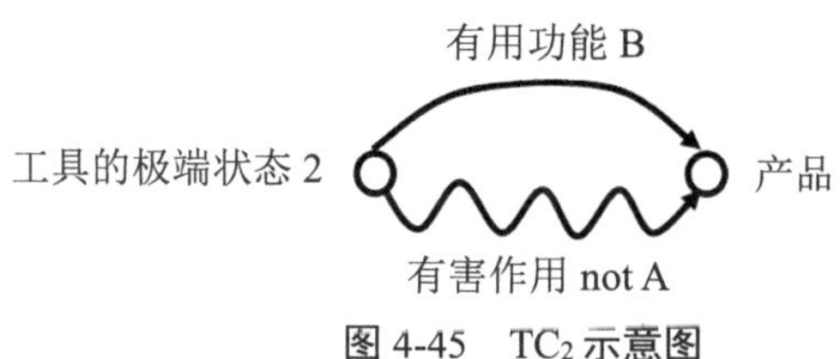

图 4-45　TC_2 示意图

1.3.2.3 验证语言表述是否符合图形要求

说明：这里的A相当于主要功能1.1.1，not B相当于有害作用1.1.3。

1.3.3 验证步骤1.3.1和步骤1.3.2是否正确

（1）TC_1的有用功能A与TC_2的有害作用not A是相反状态。

（2）TC_2的有用功能B与TC_1的有害作用not B是相反状态。

符合上述两个条件即可认为TC_1和TC_2表述准确。当然这并不是强制性的要求，这种表述有助于后续更加清晰地分析问题。

1.4 选择冲突

1.4.1 系统的主要功能：请准确描述

1.4.2 选择技术矛盾：描述选的是TC_1还是TC_2

1.4.3 选择工具状态：根据所选TC确定工具的状态1和状态2

1.5 通过指定组件的限制条件（作用）来激化冲突：对工具的两个状态作极端描述

1.6 建立问题模型

1.6.1 冲突对：描述冲突对

1.6.2 描述技术矛盾：1.5

1.6.3 引入X元素

X元素消除了有害作用（描述有害作用），同时保留了工具的有用功能（描述有用功能）（图4-46）。

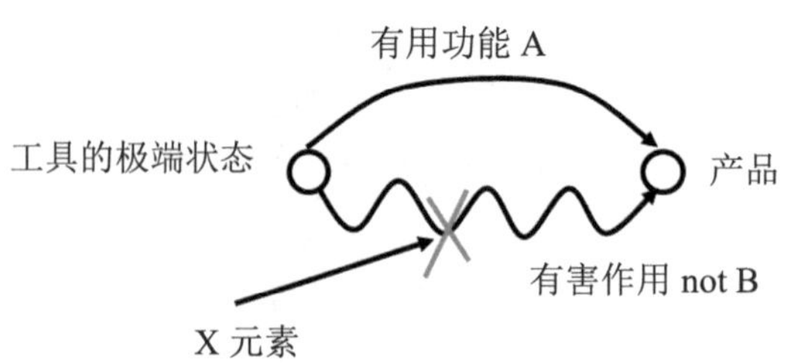

图 4-46　X 元素作用示意图

1.7 应用标准解

1.7.1 构建物质-场模型并使用标准解解决问题

1.7.2 进行物质-场模型转换

小结：第一部分可以用一个表达式概括，即问题模型=冲突对+技术矛盾+X 元素。

第二部分 分析问题模型——创建可用的资源列表

2.1 定义操作空间（OZ）：冲突发生的区域（一定要画图）

2.2 定义操作时间（OT）

T_1：冲突发生的时间（请描述）。

T_2：冲突发生之前的时间（请描述）。

T_3：冲突发生之后的时间（请描述）。

2.3 定义系统、外部环境和产品的物质-场资源

2.3.1 填写物质-场资源列表（表4-7）

表 4-7　物质-场资源列表

物质-场资源	物质	场
1 系统内资源（冲突区域内）		
1.1 工具资源：请描述工具	填写	填写
1.2 产品资源：请描述产品	填写	填写
2 系统内一般环境资源		
2.1 环境中的资源		
2.1.1 工具资源：请描述工具	填写	填写
2.1.2 产品资源：请描述产品	填写	填写
2.1.3 工具与产品组合：请描述	填写	填写
2.2 公共资源	空气、水等	重力、地磁场等

（续表）

物质-场资源	物质	场
3 超系统 请描述	填写	填写
4 废弃物资源 请描述	填写	填写
5 廉价资源 请描述	填写	填写

2.3.2 由物质-场资源定义操作参数

第三部分 定义理想解和物理矛盾

3.1 定义IFR

X元素在OZ和OT内消除了有害作用，同时保证工具完全执行有用功能（1.5），并且不产生任何有害作用，系统也不会变得更复杂。

3.2 使用资源加强IFR

3.2.1 工具

工具 描述 或其资源 描述 在OZ和OT内执行有用功能 描述 ，同时阻止或消除有害作用 描述 ，并且不会造成有害影响。

3.2.2 产品

产品 描述 或其资源 描述 可以自己执行有用功能 描述 。

3.2.3 功能

在没有产品的情况下实现功能 1.1.1 。

3.2.4 无须执行该功能

无须考虑实现该功能。

3.3 定义物理矛盾

3.3.1 定义X元素的物理矛盾

在OZ和OT内，X元素应该是属性P，以消除有害作用not B，同时X元素应该是属性not P，以保证有用功能A的实现。

3.3.2 定义工具的物理矛盾

在OZ和OT内，工具描述或其资源描述应该是属性P，以消除有害作用not B，同时其应该是属性not P，以保证有用功能A的实现。

3.3.3 定义产品的物理矛盾

在OZ和OT内，产品描述或其资源描述应该是属性P，以消除有害作用not B，同时其应该是属性not P，以保证有用功能A的实现。

注意：到步骤3.3之后，就与传统的ARIZ-85C有较为明显的区别了。

3.4 深度物理矛盾1（PC_1）

要保持步骤3.3的属性P，需要有一个属性P_1；要保持步骤3.3的属性not P，需要有一个属性 not P_1；相当于P_1/not P_1是为了满足P/not P的，是P的深层次物理矛盾。

3.5 深度物理矛盾2（PC_2）

要保持步骤3.4的属性P_1，需要有一个属性P_2；要保持步骤3.4的属性not P_1，需要有一个属性 not P_2；相当于P_2/not P_2是为了满足P_1/not P_1的，是P_1的深层次物理矛盾。

3.6 深度物理矛盾3（PC_3）

重复步骤3.4和3.5的过程，寻找能满足P_2/not P_2的P_3/not P_3，以此类推。

第四部分 产生解决方案——多方法解决物理矛盾

4.1 应用分离方法（相关顺序详见表4-7）

4.2 应用资源

4.3 应用标准解：根据问题选择相应的标准解

4.4 应用问题类比

……

注意：实际上，第四部分是对ARIZ-85C几种消除物理矛盾方法的先后次序重新作了调整，并集中在这几个步骤。

三、应用实用ARIZ解决问题

下面举例说明如何应用实用ARIZ来解决问题。

【例4-4】飞船碰撞测试

在太空中飞行的宇宙飞船，如果遇到陨石撞击，就会发生爆炸。如何防止飞船遭受陨石的撞击？

针对该问题，提出了几种可能的解决方法：

（1）飞船“躲避”陨石（回旋）。

（2）飞船“击退”陨石。

（3）飞船摧毁陨石。

（4）飞船外部能够承受陨石的撞击。

经过分析，选择最后一个方法实施。研发人员制作了一个装置，模拟陨石与飞船发生碰撞，对飞船外壳材料进行测试，如图4-47所示。

在操作过程中，使用喷射发生器产生的气流来驱动直径为0.1—5 mm的球。球在气流中运动并加速到11.2 km/s，此时球会击中飞船的外部。当球碰到气流时，球会完全损坏。要想使球加速到11.2 km/s，需要一个长几千米的装置，并且这个装置造价很高。

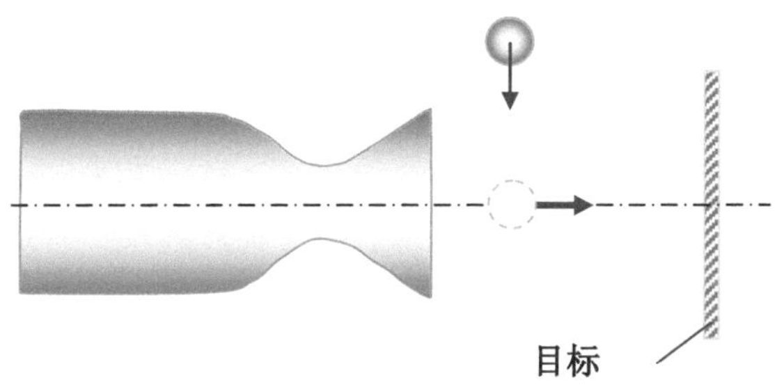

图4-47　飞船碰撞测试示意图

下面应用实用ARIZ来解决这个问题。

根据题意可知，通过研发一个用于测试飞船外壳材料的装置，进而达到飞船外壳能承受陨石撞击、不会爆炸的目的。但是在测试过程中发现了一个缺陷——球损坏了。

第一部分 分析问题

1.1 描述最小问题

技术系统（TS）：测试系统。

1.1.1 系统的主要功能

在该问题中，需要测试外壳材料，即以期望的速度将球传送到被测试材料的表面。由此得到一般化描述的主要功能：喷射加速球（B）。

1.1.2 系统组成部分

系统组成部分是飞船外壳（目标）、喷气流、球。

1.1.3 有害作用

有害作用是气流打破了球（anti-B），但没有达到目标。

1.1.4 预期结果

预期结果是要通过最小改变，整个球以 11.2 km/s 的速度击中目标。

1.2 描述冲突对

1.2.1 产品：球

1.2.2 工具：喷气流

1.2.3 工具的两个状态

1.2.3.1 状态1：强的喷气流

1.2.3.2 状态2：弱的喷气流

1.3 定义技术矛盾

1.3.1 定义TC_1（强的喷气流）

1.3.1.1 TC_1的语言表述（A-anti-B）

强的喷气流可以将球加速（A）到所需速度，但会破坏（anti-B）球。

1.3.1.2 TC_1的图形化表示（图4-48）

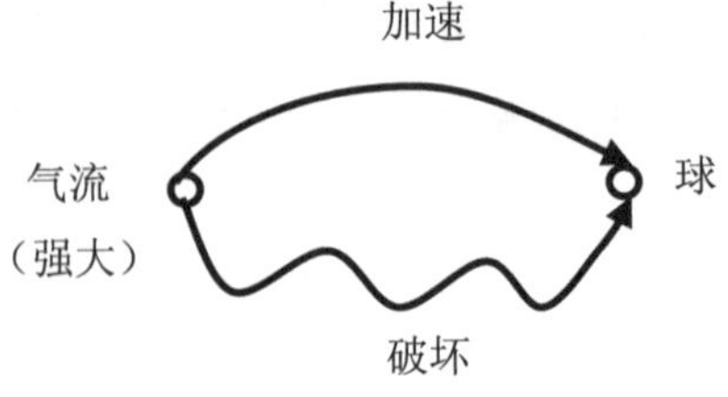

图 4-48 TC_1 示意图

1.3.1.3 验证语言表述是否符合图形要求——完全符合

1.3.2 定义TC_2（弱的喷气流）

1.3.2.1 TC_2的语言表述（B-anti-A）

弱的喷气流不会破坏（B）球，也不会将球加速（anti-A）至所需速度。

1.3.2.2 TC_2的图形化表示（图4-49）

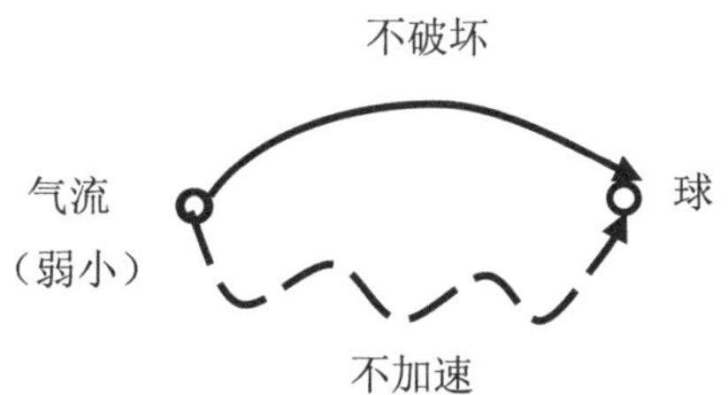

图 4-49　TC_2示意图

1.3.2.3 验证语言表述是否符合图形要求——完全符合

1.3.3 验证步骤1.3.1和步骤1.3.2是否正确——正确

1.4 选择冲突

1.4.1 系统的主要功能：将球加速到11.2 km/s

1.4.2 选择技术矛盾：TC_1执行主要功能

1.4.3 选择工具状态：状态1——强的喷气流将球加速到11.2 km/s

1.5 通过指定组件的限制条件（作用）来激化冲突

有必要将球加速到第三宇宙速度（16.7 km/s），甚至到光速（300000 km/s）。

1.6 建立问题模型

1.6.1 冲突对：球和极其强大的喷气流

1.6.2 描述技术矛盾

极其强大的喷气流将球加速（A）到极高的速度，但破坏了球（anti-B）。

1.6.3 引入X元素

X元素不会破坏球，也不会干扰极其强大的喷气流将球加速到极高的速度（图4-50）。

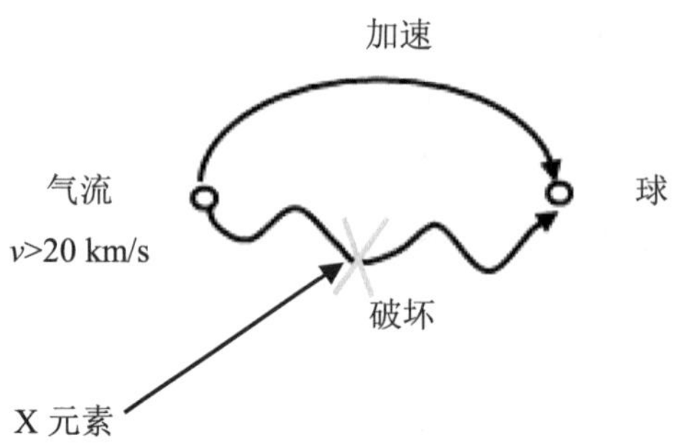

图 4-50　X 元素作用示意图

1.7 应用标准解

1.7.1 构建物质-场模型，并使用标准解解决问题

当前物质-场模型为：S_1——球，F_1——气流。

气流（F_1）对球有加速作用，这是有用功能，用直箭头表示（图4-51）。

气流（F_1）对球有破坏作用，这是有害作用，用波浪线表示（图4-51）。

图 4-51　物质-场模型 1

这是个不完整且具有有害作用的物质-场模型。解决这个问题可以有以下几种方法：

注意，通常X元素可以用物质（S）或场（F）表示。

（1）将物质-场模型补充完整，使用标准解S1.1.1引入另一种防止破坏S_1（球）的物质S_2（图4-52）。

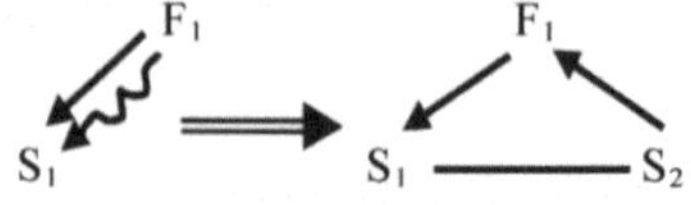

图 4-52　物质-场模型 2

（2）使用标准解S2.1.2引入S_2的同时创建另一个场F_2，以消除F_1的有害作用（图4-53）。

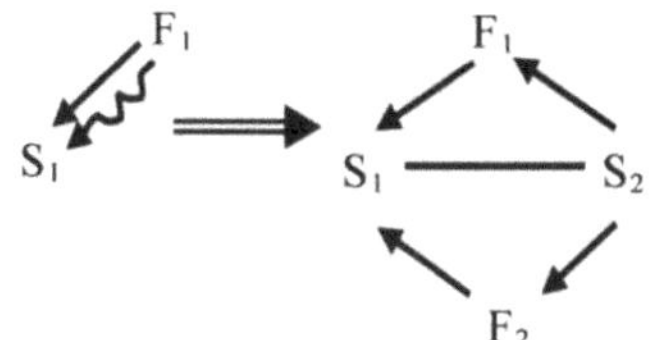

图 4-53　物质-场模型 3

1.7.2 进行物质-场模型转换

（1）物质-场模型3可以用另一种形式表示：物质S_2创建一个同时影响物质S_1和场F_1的场F_2（图4-54）。

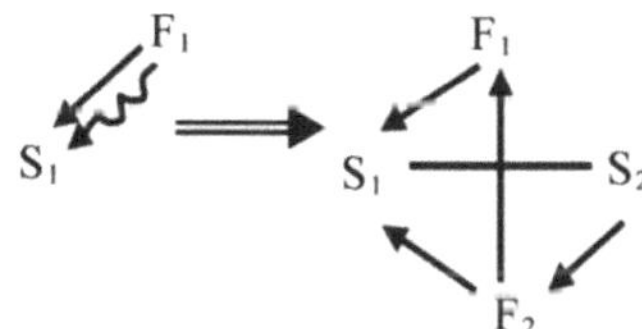

图 4-54　物质-场模型 4

（2）还有另一种方法：物质S_2在瞬间创建两个场F_2和F_3。F_2作用于S_1上，F_3作用于S_2上（图4-55）。

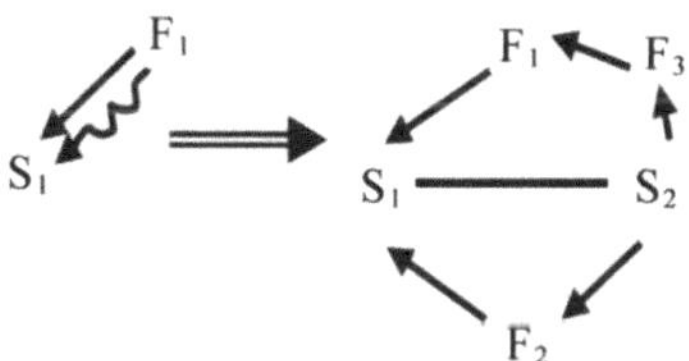

图 4-55　物质-场模型 5

第二部分 分析问题模型

2.1 定义操作空间（OZ）

球周围的空间是存在冲突的区域，如图4-56所示。

2.2 定义操作时间（OT）

冲突发生的时间（T_1）：球与喷气流接触的时间。

冲突发生之前的时间（T_2）：球与喷气流接触之前的时间。

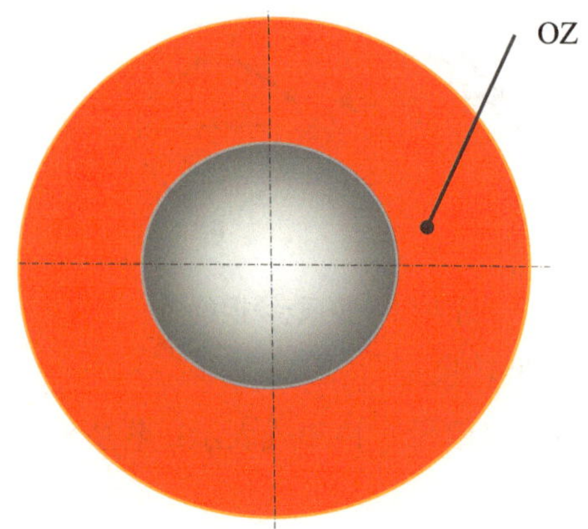

图4-56　操作空间

2.3 定义系统、外部环境和产品的物质-场资源

2.3.1 填写物质-场资源列表（表4-8）

表4-8　例4-4的物质-场资源列表

物质-场资源	物质	场
1 系统内资源		
1.1 工具：喷气流	气体	气流（气体运动）
1.2 产品：球	钢铁	重力场
2 外部环境资源		
2.1 环境中的资源		
2.1.1 工具：喷气流	气体	空气运动（附着质量）
2.1.2 产品：球	气体	气流运动
2.1.3 工具与产品的结合：气流与球	气体、钢铁	气流
2.2 通用资源	空气	重力、地磁场等
3 超系统——发动机	金属	气流
3.1 环境	空气	附着的气流
4 废弃物资源：气体喷射器的燃烧产物	气体	温度、空气运动
5 廉价资源：气体喷射器的燃烧产物	气体	温度、空气运动
6 其他资源		
6.1 空间：球周边空间	气体、钢铁	气流（气体运动）
6.2 时间：球与喷气流接触的时间		

（续表）

物质-场资源	物质	场
6.3 功能：碰撞		
6.4 信息		
6.5 系统：球与气流发生碰撞被损坏，冲击力等于冲击波		

2.3.2 由物质-场资源定义操作参数：气流、撞击、钢铁

第三部分 定义理想解和物理矛盾

3.1 定义IFR

IFR：A，B

X元素在OZ和OT内可以防止球被破坏（B），同时不会干扰对球的加速喷射（A），并且不产生任何有害作用，系统也不会变得更复杂。

3.2 使用资源加强IFR

3.2.1 工具

喷气流本身在不造成有害作用的情况下，在与球周边极强的气流接触并加速球的过程中不会破坏球。

3.2.2 产品

球或其材料本身不允许被破坏，并允许非常强的气流加速它。

3.2.3 功能

材料测试是在没有球的情况下进行的。

3.2.4 无须执行该功能

无须测试飞船的材料。

3.3 定义物理矛盾

PC：P → A，anti-P → B

3.3.1 定义X元素的物理矛盾

X元素不能允许极强的喷气流（P），以免破坏球（B），并且必须允许极强的气流（anti-P），从而可以以很高的速度加速球（A）。

3.3.2 定义工具的物理矛盾

在碰撞中，球周围的极强气流不得与球接触，以免破坏球，但又要与球接触，以使其加速。

3.3.3 定义产品的物理矛盾

球或其材料不得在其自身上产生极强的喷气流，以免被破坏，并且必须在其自身上产生极强的喷气流，以使其加速（图4-57）。用一个不等式表示：1 m/s＜v≤11.2 km/s。

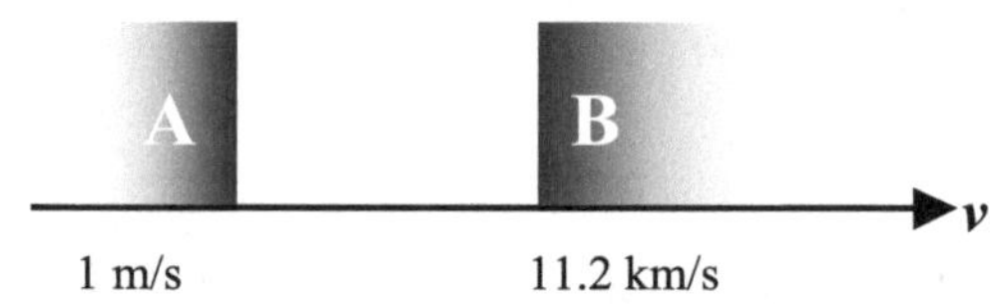

图4-57 物理矛盾示意图

这样，速度（v）必须同时处于两个相反的状态A和B，这就是物理矛盾的特征。

3.4 深度物理矛盾1（PC_1）

$$PC_1: P \rightarrow P_1, \text{anti-P} \rightarrow \text{anti-}P_1$$

X元素必须影响（P_1）极强的喷气流，从而不能允许属性P，并且不能影响（anti-P_1）极强的喷气流，从而允许属性anti-P。

3.5 深度物理矛盾2（PC_2）

$$PC_2: P_1 \rightarrow P_2, \text{anti-}P_1 \rightarrow \text{anti-}P_2$$

X元素必须产生力（P_2），以影响（P_1）极强的喷气流，并且不能产生力（anti-P_2），从而不影响（anti-P_1）极强的喷气流。

第四部分 产生解决方案

4.1 应用分离方法

这里用小人表示分离的矛盾属性，并用箭头表示作用方向。

4.1.1 空间分离

OZ中的X元素必须作用在喷气流上（图4-58），以免破坏球。

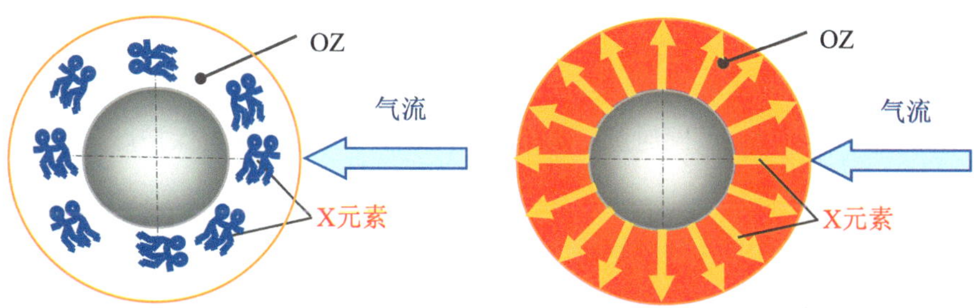

图4-58　应用空间分离消除物理矛盾（1）

OZ中的X元素必须作用于球上（图4-59），以加强球。

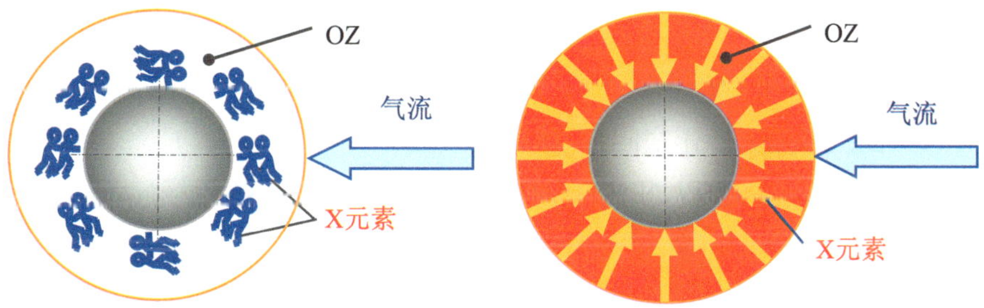

图4-59　应用空间分离消除物理矛盾（2）

OZ中的X元素必须同时作用在喷气流和球上（图4-60）。

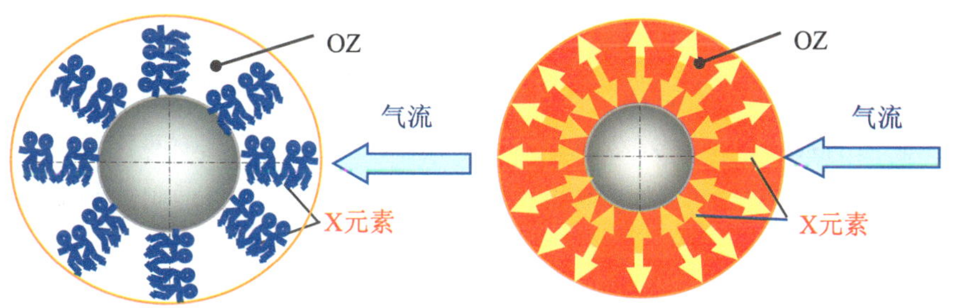

图4-60　应用空间分离消除物理矛盾（3）

4.1.2 时间分离

OZ中的X元素必须在球与喷气流接触的过程中作用在喷气流和球上。

4.1.3 系统级别分离

OZ中X元素的结构必须在球与喷气流接触时发生变化，以便X元素产生作用在喷气流和球上的力。

4.1.3.1 系统转化

（1）改变属性：属性和反属性的组合，整体属性是P，部分属性是not P。

X元素产生的力必须同时朝相反的方向作用：在喷气流上保护球，在其他各个方面加速球。

（2）向微观系统进化：使用能够产生这种力的物理或化学效应。

4.1.3.2 相态变化

OZ中X元素的结构可以改变其相态。目前球的一部分是固态，可以将其变为液态或气态。

4.2 应用资源

可以使用以下资源：

（1）空间资源（操作空间）：球周边的区域。

（2）时间资源：在球与喷气流接触的时间，以及球与喷气流接触之前的时间。

（3）场资源：击中球的气流运动。

4.3 应用标准解

在步骤1.7中已有介绍，这里不再赘述。

4.4 应用问题类比

确定需要承受强烈冲击（爆炸）的区域，可能是冲压、防空洞或坦克装甲。

冲压当中的金属不耐腐蚀，而且会发生变化，因此这个类比问题不合适。防空洞则是由混凝土建成的，其长度可从几米到几十米，而球本身比较小，因此这种类比也不适用。高爆炸弹能够精确命中坦克装甲，可以使用这个问题的解决方案进行类比。

4.5 应用科学效应

4.5.1 应用物理效应（表4-9）

表 4-9 物理效应（部分）

要求的行为、属性和功能	物理效应
12. 力量冲击、力量控制、产生高压	惯性力、重力、热膨胀、相变、离心力、流体力学、使用爆炸物、电液压作用、渗透作用、暴露于电场和磁场中、压电效应和磁致伸缩等

4.5.2 应用化学效应（表4-10）

表 4-10　化学效应（部分）

要求的行为、属性和功能	化学效应
12. 力量冲击、力量控制、产生高压	爆炸、分解天然气水合物、氢化物、吸收氢导致金属溶胀、气体逸出反应、聚合反应

经分析可知，最适合的效应是使用爆炸物和爆炸。因此，可以选择一种可由撞击触发的爆炸物，例如六硝基苯或三氨基三硝基苯。六硝基苯的爆炸速度约为9.33 km/s，而三氨基三硝基苯的爆炸速度约为7.61 km/s。

4.6 应用发明原理（略）

4.7 从理想解后退一步

4.7.1 IFR

气流能加速球，但不会破坏球。

4.7.2 从IFR后退一步

气流和球之间有一个极小的空间——这是微观上的操作空间。

4.7.3 从“后退一步的IFR”到IFR需要做些什么

在这个极小的空间里必须出现对应于图4-59中的力。

4.8 应用小人法

图4-58显示了小人抵抗气流，图4-59显示了小人加强了球，图4-60显示了小人同时抵抗气流并能加强球。

解决方案：在球上覆盖一层爆炸物，球与气流接触时，爆炸物爆炸，爆炸波同时将球“密封”住，防止气流穿透球使其损坏。

【例4-5】安瓿密封

制药厂需要密封装有药物的安瓿。其加工流程是：将装有药物的安瓿放在暗盒中。暗盒被送入集中燃烧器，用火焰将安瓿瓶封口密封住。燃烧器中的火焰无法精确调节，有些火焰较大[图4-61（a）]，有些火焰适中[图4-61（b）]，有些火焰较小[图4-61（c）]。较大的火焰能够密封安瓿，但也会使药物过热引起药物变质；较小的火焰不会破坏药物，但无法完全密封安瓿。如何确保所有的安瓿都能密封，又不损坏安瓿中的药物？

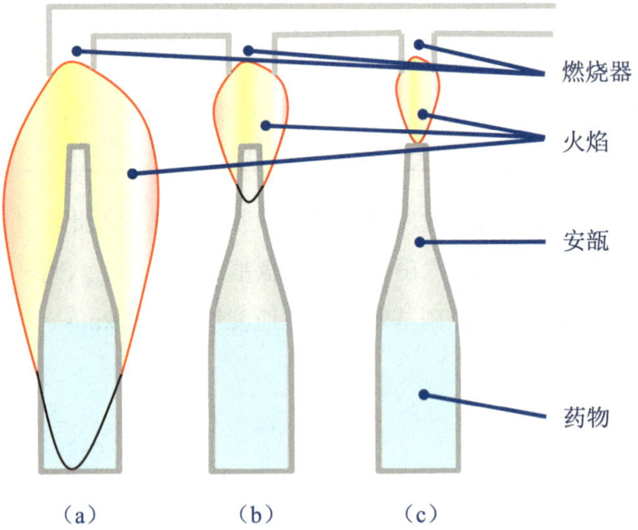

(a)　(b)　(c)

图4-61　安瓿密封示意图

下面应用实用ARIZ来解决问题。

第一部分　分析问题

1.1　描述最小问题

1.1.1 系统的主要功能：火焰密封安瓿（A）

1.1.2 系统组成部分：装有药物的安瓿、喷嘴、火焰、暗盒（准确地说，应该是指火舌，为了便于读者理解，这里用“火焰”表示）

1.1.3 有害作用：安瓿中的药物受热变质（anti-B）

1.1.4 预期结果：有必要防止药物过热，同时要实现可靠的密封，并且对系统的更改最少

1.1.5 最小问题的完整描述

1.1.5.1 技术系统的主要组件：装有药物的安瓿、喷嘴、火焰、暗盒

1.1.5.2 主要功能：火焰密封安瓿

1.1.5.3 有害作用：安瓿中的药物爱热变质

1.1.5.4 需要通过最小改变，即可防止药物过热，并能提供可靠的密封

1.2 描述冲突对

这里，有多个装有药物的安瓿、多个喷嘴、多个火焰和一个可以放置多个安瓿的暗盒，由于它们之间的相互作用是相同的，故选择一个装有药物的安瓿、一个火焰、一个喷嘴和一个暗盒就可以了。经过分析可知，火焰与装有药物的安瓿存在冲突。

接下来利用相互作用矩阵识别出相应的冲突，如果组件之间存在相互作用且存在冲突，用“+”表示，存在相互作用但不存在冲突，用“–”表示，没有相互作用就用空格表示。在本例中，假定组件对自身没有相互作用（即表格中的阴影部分）。这样可以得到相互作用矩阵，如表4-11所示。

表4-11　相互作用矩阵

系统组件	安瓿	药物	火焰	喷嘴	暗盒
安瓿		–			–
药物	–				
火焰	+	+		–	–
喷嘴			–		
暗盒	–				

可以得出：火焰与装有药物的安瓿发生冲突。

注意：如果仅考虑系统组件与产品的相互作用，则可以简化分析，只需考虑装有药物的安瓿即可，即表4-11的第1列和第2列。

1.2.1 产品：装有药物的安瓿

1.2.2 工具：火焰

1.2.3 工具的两个状态

1.2.3.1 状态1：强烈的火焰

1.2.3.2 状态2：微弱的火焰

1.3 定义技术矛盾

1.3.1 定义TC_1（强火焰）

1.3.1.1 TC_1的语言描述（A-anti-B）

强火焰可以密封（A）安瓿，但会破坏（anti-B）药物。

1.3.1.2 TC_1的图形化表示（图4-62）

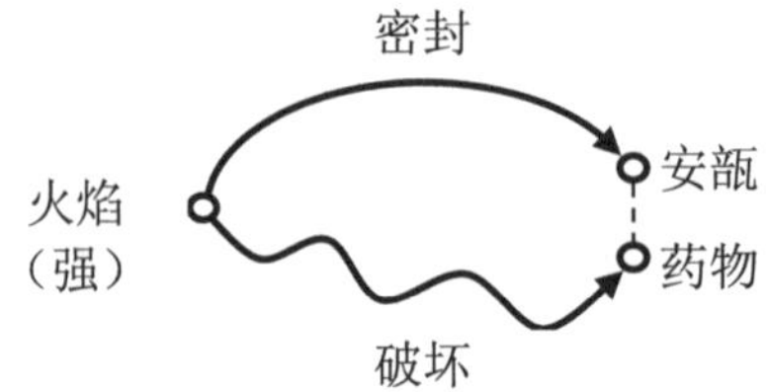

图 4-62　TC_1 示意图

1.3.1.3　验证语言表述是否符合图形要求——完全符合

1.3.2 定义TC_2（弱火焰）

1.3.2.1 TC_2的语言表述（B-anti-A）

弱火焰不会破坏（B）药物，但不会密封（anti A）安瓿。

1.3.2.2 TC_2的图形化表示（图4-63）

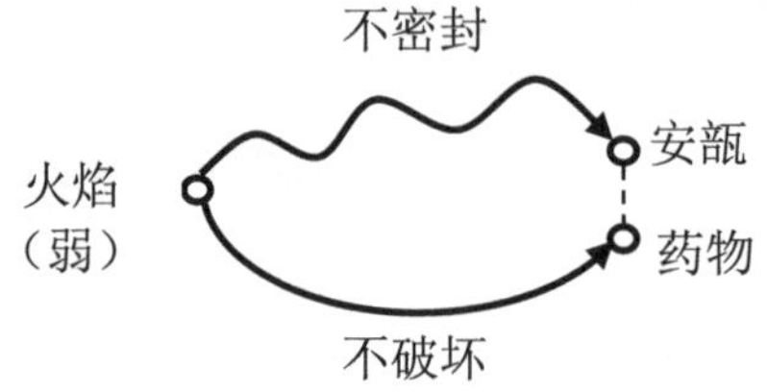

图 4-63　TC_2 示意图

1.3.2.3 验证语言表述是否符合图形要求——完全符合

1.3.3 验证步骤1.3.1和步骤1.3.2是否正确——正确

1.4 选择冲突

1.4.1 系统的主要功能：火焰密封安瓿（A）

1.4.2 选择技术矛盾

选择TC_1：强火焰密封（A）安瓿，但会破坏（anti-B）药物。

1.4.3 选择工具状态：状态1——强烈的火焰

1.5 通过指定组件的限制条件（作用）来激化冲突

指定组件的限制条件：极强的火焰。

1.6 建立问题模型

1.6.1 选择冲突对

冲突对：极强的火焰和装有药物的安瓿。

1.6.2 描述技术矛盾

极强的火焰密封（A）安瓿，但会破坏（anti-B）药物。

1.6.3 引入X元素

如图4-64所示，X元素可防止药物过热（而变质），又不会干扰极强的火焰密封安瓿。

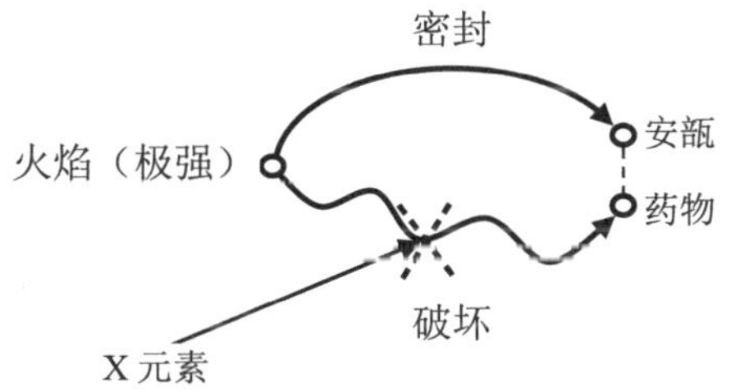

图 4-64　X 元素作用示意图

1.7 应用标准解

1.7.1 构建物质-场模型并使用标准解解决问题

初始情况可以用两种模型表示：

（1）如图4-65所示，S_1——装有药物的安瓿，F_1——火焰。

图 4-65　初始情况模型 1

（2）如图4-66所示，S_1'——安瓿，S_2——药物，F_1——火焰。

图 4-66　初始情况模型 2

1.7.2 进行物质-场模型转换

（1）如图4-67所示，引入物质S_3。S_1——安瓿，F_1——火焰，S_3——不允许火焰通过的物质。

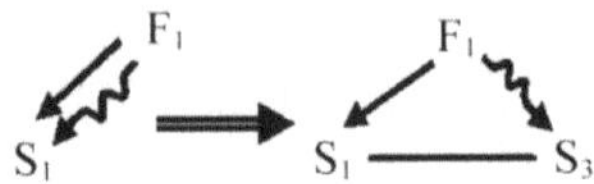

图 4-67　引入物质 S_3 模型 1

（2）如图4-68所示，引入物质S_3。S_1'——安瓿，S_2——药物，F_1——火焰，S_3——不允许火焰通过的物质。

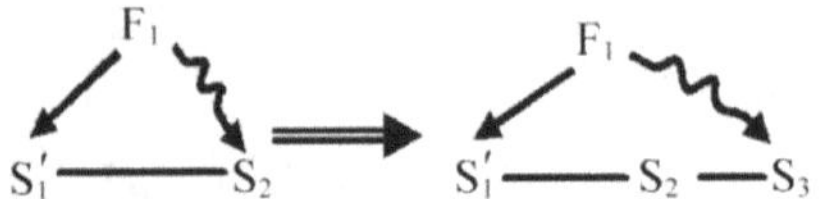

图 4-68　引入物质 S_3 模型 2

（3）如图4-69所示，引入场F_2。S_1——安瓿，S_2——药物，F_1——火焰，F_2——抵消或不允许过量加热的场。

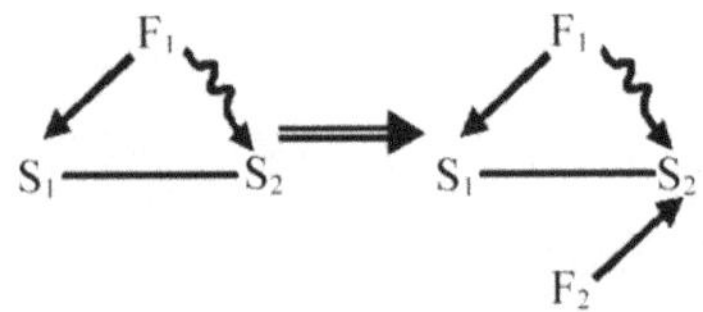

图 4-69　引入场 F_2 模型

（4）如图4-70所示，同时引入物质S_3和场F_2。S_1——安瓿，S_2——药物，F_1——火焰，S_3——引入产生场F_2的物质，F_2——抵消或不允许过量加热的场。

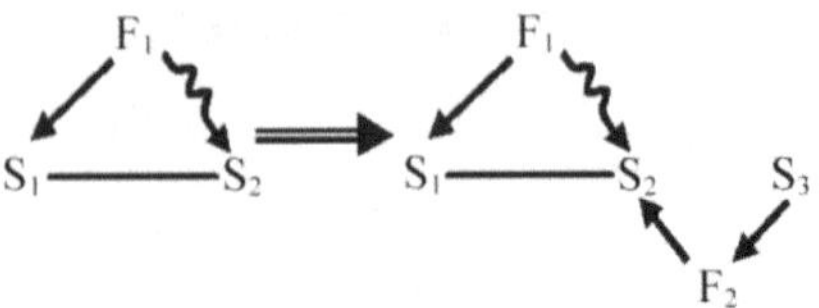

图 4-70　同时引入物质 S_3 和场 F_2 模型

第二部分 分析问题模型

2.1 定义操作空间（OZ）

加热药物这一有害作用发生在安瓿底部，密封安瓿这一有用功能发生在安瓿顶部，因此，最好在整个安瓿周围选择紧邻安瓿的区域作为操作空间，如图4-71所示。

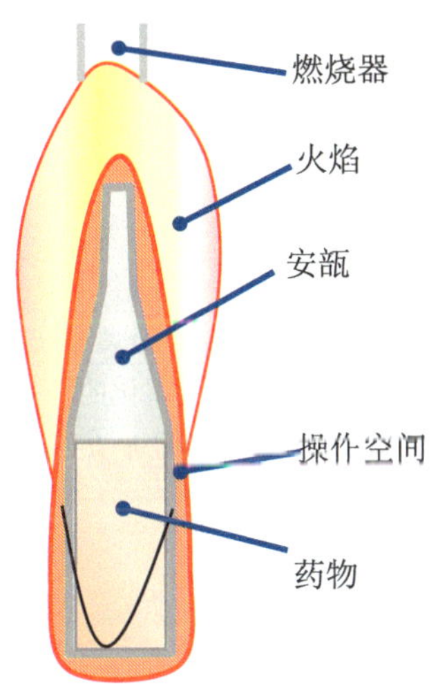

图4-71　操作空间

2.2 定义操作时间（OT）

T_1：密封时间。

T_2：密封之前的时间。

2.3 定义系统、外部环境和产品的物质-场资源

2.3.1 填写物质-场资源列表（表4-12）

表4-12　例4-5的物质-场资源列表

物质-场资源	物质	场
1 系统内资源（冲突区域内）		
1.1 工具资源：火焰	气体	温度
1.2 产品资源		
安瓿	玻璃	
药物	液体	
2 外部环境资源		

（续表）

物质-场资源	物质	场
2.1 环境中的资源		
2.1.1 工具资源：火焰	空气	
2.1.2 产品资源		
安瓿	空气	温度
药液	玻璃	表面张力
2.1.3 工具与产品的结合		
2.2 通用资源	空气、水等	重力、地磁场等
3 超系统		
燃烧器	金属	
气体	气体	气流
暗盒	金属	
4 废弃物资源	安瓿中熔化的玻璃、变质的药物	
5 廉价资源	水、空气等	

2.3.2 由物质-场资源定义操作参数：水、暗盒、变质的药物、安瓿中熔化的玻璃

第三部分 定义理想解和物理矛盾

3.1 定义IFR

IFR：A，B

X元素在安瓿周围密封时，可以防止药物过热（而破坏药物），并能保证非常强的火焰能很好地密封安瓿，并且不产生任何有害作用，系统也不会变得更复杂。

3.2 使用资源加强IFR

3.2.1 工具

火焰本身在不产生有害作用的情况下，在安瓿周围密封期间防止药物过热，并能够密封安瓿。

3.2.2 产品

安瓿或玻璃本身能自我密封。

3.3 定义物理矛盾

$$PC: P \rightarrow A, \text{anti-}P \rightarrow B$$

3.3.1 定义X元素的物理矛盾

安瓿周围的X元素不能让火焰通过（P），以防止药物过热（B），并且必须让火焰通过（anti-P），从而密封安瓿（A）。

3.3.2 定义工具的物理矛盾

在密封过程中，安瓿周围的火焰一定不能加热安瓿，以防止药物过热（损坏药物），又必须加热安瓿，从而密封安瓿。

3.3.3 定义产品的物理矛盾

安瓿或玻璃不得让火焰通过，以防止药物过热，并且必须让火焰通过，从而密封安瓿。

3.4 深度物理矛盾（PC_1）

$$PC_1: P \rightarrow P_1, \text{anti-}P \rightarrow \text{anti-}P_1$$

要想使X元素不能让火焰通过（P），需要具有不能导热的属性（P_1），并且要使X元素必须让火焰通过（anti-P），需要具有导热性（anti-P_1）。

第四部分 产生解决方案

4.1 应用分离方法

4.1.1 空间分离

利用安瓿中药物上方空间可以解决存在的冲突（图4-72）。

如果X元素为安瓿周围区域，其上部必须让火焰通过（导热），而底部不应该让火焰通过（不导热）。也就是安瓿的上部不应该是X元素，否则其就会阻止火焰，而下部不能通过火焰（图4-73），因此确定下部为X元素。

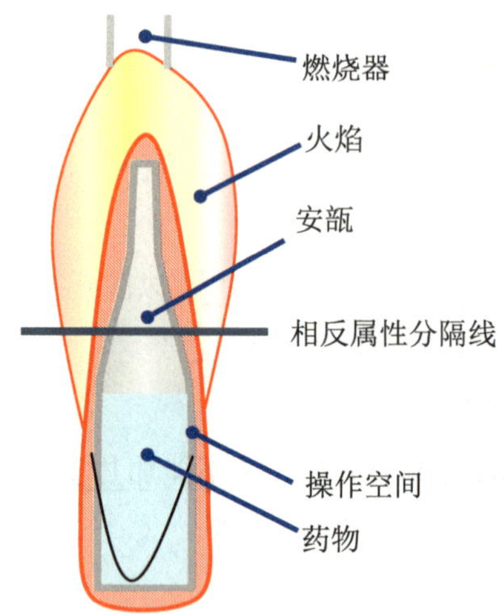

图4-72　运用空间分离确定属性相反的区域

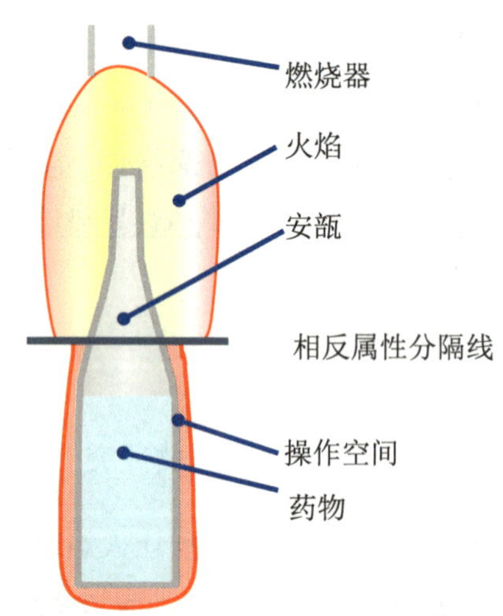

图4-73　运用空间分离解决问题

4.1.2 时间分离

采取脉冲燃烧控制。

4.1.3 系统级别分离

有必要改变X元素下部的结构：既不能让火焰通过，也不可以导热。这里使用相变，将安瓿附近的气体变成液体或固体，而液体就能满足X元素的要求。

解决方案：可以将水倒入暗盒中，液面高于药的位置（图4-74）。

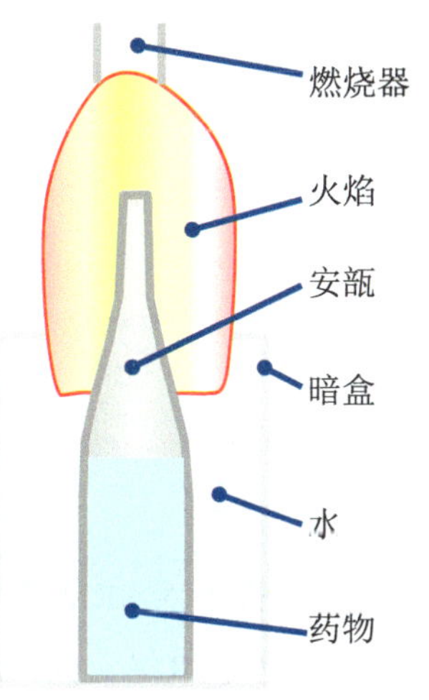

图4-74　运用系统级别分离解决问题

显然，现在已经获得了解决方案，但实际上读者可以继续使用后面的步骤完成本例。这里将4.2之后的步骤留给读者，由读者自行去尝试使用资源、类比问题等工具找到更多的解决方案。

第五章　对ARIZ的再思考

一、ARIZ的缺陷及改进方向

通过前面各章节的介绍，相信读者对ARIZ已经有了更加深刻的了解。实际上，ARIZ更多是提供一种系统使用TRIZ工具的流程、方法和逻辑，告诉人们在什么时候可以使用哪些TRIZ工具，并且帮助人们克服思维惯性的影响。

但是，任何一个方法都有缺陷，ARIZ也不例外。下面我们以ARIZ-85C为例，分析和梳理ARIZ-85C的主要缺陷并总结其改进方向。

1.部分步骤之间缺乏逻辑性

在阐述这个观点之前，还是先来了解“算法”一词的概念。所谓“算法”（algorithm），是指解题方案的准确且完整的描述，是一系列解决问题的清晰指令。算法代表了用系统的方法描述解决问题的策略机制。也就是说，能够对一定规范的输入，在有限时间内获得所要求的输出①。在ARIZ里，部分步骤前后的逻辑关联并不强。比如步骤1.7，阿奇舒勒开发ARIZ-85C的初衷是希望通过将问题转化为技术矛盾，并且图形化表示，从而以物质-场模型的形式来解释图形化的技术矛盾，当然经过分析还能够找到一个“隐藏”的物理矛盾，只是当时没有明确而已。阿奇舒勒当时也是希望通过使用矛盾矩阵、标准解等工具来解决技术矛盾和描述物质-场模型，进而解决“隐藏”的物理矛盾。但在随后正式版本发布后，却只保留了应用标准解的内容，而使用矛盾矩阵、发明

① https://baike.baidu.com/item/%E7%AE%97%E6%B3%95/209025?fr=ge_ala。

原理解决技术矛盾进而解决“隐藏”的物理矛盾这样的内容并没有纳入进来。例如：很多人在使用ARIZ-85C的过程中会对步骤1.7与前面几个步骤的关系感到困惑，认为步骤1.7不是在步骤1.6结束之后推导出来的，或者说，步骤1.6不是步骤1.7的输入项，脱离了算法逻辑。再如：在步骤3.4提出的物理矛盾和步骤3.5提出的IFR-2确定后，按照算法逻辑，接下来就是如何求解物理矛盾了，也就是可以“越过”第四部分直接进入第五部分解决物理矛盾了，因此部分专家认为：ARIZ-85C的第四部分同样存在脱离逻辑的问题。基于此，有的学者认为，ARIZ-85C是当今应用最广泛的一个版本，但并不是逻辑链条最清晰的一个版本。

2.缺乏问题分析内容

ARIZ-85C并不针对系统或流程进行分析，也不选择需要解决的最重要问题。从当今TRIZ发展的视角看，ARIZ-85C更多的是一个问题解决阶段的流程。因为阿奇舒勒提出ARIZ-85C时，功能分析、因果链分析、裁剪等问题分析工具尚未纳入TRIZ体系当中，尽管这些工具都是阿奇舒勒生前认可的，但阿奇舒勒本人并未将这些工具添加到ARIZ里。很多人也反对将这些分析问题工具纳入ARIZ，他们认为ARIZ只是解决问题的一种特殊途径，没有问题分析的环节，因为在使用ARIZ之前已经完成了问题分析。尽管ARIZ第一部分是“分析问题”，但严格来讲，这部分不是真正意义上的分析问题。阿奇舒勒在ARIZ-85A当中提出了初始问题的确定步骤，也有后人将问题分析环节纳入ARIZ后续版本的步骤里，通过功能分析、因果分析、裁剪等，识别出拟解决的初始问题，而实际问题和初始问题可能会相差很远，甚至毫无关联。

3.解决物理矛盾的方法不够充分和严谨

在ARIZ-85C中，并没有根据物理矛盾的类型明确给出解决方法，而只是在相应步骤里提到了“解决物理矛盾”，但并没有提到如何解决。实际上，很多时候使用者，特别是有一定TRIZ基础的使用者在发现物理矛盾的时候会直接选择使用分离方法来解决，这是在学习经典TRIZ的时候都会学到的基本内容。实际上，ARIZ-85C只是告诉人们解决物理矛盾可以应用知识库，但并未告知人们可以用何种方法解决。

4.未给出解题的完整链条，也未对比较和选择解决方案给出提示

ARIZ-85C并未给出实际场景—系统—特定问题—矛盾需求的链条[①]，也未给出如何比较和选择解决方案；技术矛盾与物理矛盾的关联不够紧密，如第三部分的物理矛盾与第一部分的技术矛盾似乎缺乏关联。另外，在ARIZ-85C的第一部分，定义技术矛盾的前提是确实存在相关系统且状态已知，但如果系统不存在，或者说没有相关的系统，需要创建一个新系统，第一部分也没有说明该怎么做（Каган Э，2009）。此外，部分专家还认为ARIZ-85C存在其他不够严谨之处，如部分领域的系统难以确定操作空间和操作时间，等等。

5. ARIZ-85C的很多步骤名称还有待商榷

如前面提到的“第一部分 分析问题”，其实按照现代TRIZ发展的逻辑，这一部分就是将已经分析过的需要解决的问题转化为TRIZ问题模型并尝试解决。第二部分其实更多的是在明确操作空间和操作时间的基础上，确定解决问题可用的物质-场资源，因此，第一、第二部分如果分别称为“问题建模”“资源分析”或许会更准确一些。

正因为ARIZ-85C存在诸多缺陷，很多专家从1986年以后开始针对ARIZ-85C的缺陷进行改进，不断优化TRIZ和ARIZ的流程和工具体系，也有了一些改进方向。比较典型的方向有：明确发明情境和发明问题、解决方案选择方法的改进、对获得的解决方案的算法进行改进等等。近年来，TRIZ专家基于上述改进的成果，提出了不少新版本的ARIZ。本书只是选择性地介绍了其中一个版本——实用ARIZ（ARIZ-2010）。关于ARIZ的其他版本，感兴趣的读者可自行阅读相关文献。

二、提升ARIZ应用技能的建议

本书主要介绍了ARIZ的历史沿革，以及基本概念、结构和逻辑，重点介绍了ARIZ-85C各步骤之间的内在逻辑，以及ARIZ的创新实践应用。读者一旦

① https://metodolog.ru/node/196。

掌握了ARIZ的内在逻辑，便会发现ARIZ其实并不神秘。只要抓住其内在逻辑，可以完全将其转化为一个系统化的解决发明问题的流程、方法和套路，直到成为内化在每个人心中的“知识库”和“方法库”的重要组成部分。

学习一种方法和工具，最终的目的是要用它来解决问题，ARIZ也不例外。要想提高应用ARIZ解决问题的能力，就必须在日常工作和生活中多加练习。

ARIZ作为一种适合人脑而非电脑的解决问题的逻辑与流程，可以帮助读者从初始问题描述开始逐步找到创新的解决方案。读者在使用ARIZ解决问题时，请注意关注其流程和逻辑的合规性。如果问题的分析与ARIZ的逻辑不符，则返回到存在问题的步骤并重新分析，直到问题的分析与ARIZ的逻辑完全一致为止。在学习初期，最好在已知答案的情况下尝试应用ARIZ来解决问题，增加对逻辑与流程的熟悉程度。

ARIZ作为TRIZ最为核心的内容之一，对其相关的研究、完善仍在继续。本书的内容也只是管中窥豹。如果读者对此部分内容感兴趣，可以进一步阅读相关文献，了解更多ARIZ研究进展，并持续提高实践应用能力。

参 考 文 献

［1］BUKHMAN I. ARIZ-85C：algorithm for inventive problem solving［EB/OL］.［2024-12-10］. https://www.scribd.com/document/809346494/Algorithm-for-Inventive-Problem-Solving-ARIZ-85-C-PDFDrive.

［2］达雷尔·曼恩. 系统性创新手册：管理版［M］. 陈光，周贤永，刘斌，等译. 北京：机械工业出版社，2020.

［3］KUCHARAVY D. ARIZ：theory and practice［EB/OL］.［2024-12-10］. http://seecore. org/d/2006m6dk.pdf.

［4］MARCONI J . ARIZ ：the algorithm for inventive problem solving［EB/OL］.［2024-12-10］. https://the-trizjournal.com/ariz-algorithm-inventive-problem-solving/.

［5］RUBIN M. On developing ARIZ-universal-2014［EB/OL］.［2024-12-10］. https://the-trizjournal.com/on-developing-ariz-universal-2014/.

［6］谢苗·萨夫兰斯基. 创新工程：发明问题解决方法（TRIZ）导论［M］. 博卡拉顿：CRC出版社，2000.

［7］SOUCHKOV V. Glossary of TRIZ and TRIZ-related terms［EB/OL］.［2024-12-10］. https://matriz.org/wp-content/uploads/2016/11/TRIZGlossaryVersion1_2.pdf.

［8］PETROV V. Logic of ARIZ［EB/OL］.［2024-12-10］. https://the-trizjournal.com/logic-ariz/.

［9］亚历山大·谢柳茨基，根纳季·斯卢金. 需求导向的启发：发明课程［M］.

彼得罗扎沃茨克：卡累利阿出版社，1977.

［10］Г С 阿里特舒列尔. 创造是精确的科学［M］.魏相，徐明泽，译. 广州：广东人民出版社，1987.

［11］根里奇·阿奇舒勒. 发明问题解决算法ARIZ-85C［EB/OL］.［2024-12-10］. https://www.altshuller.ru/triz/ariz85v.asp.

［12］根里奇·阿奇舒勒. ARIZ发展史纲要［EB/OL］.［2024-12-10］. https://www.altshuller.ru/triz/ariz-about1.asp.

［13］根里奇·阿奇舒勒. “技术矛盾的典型消除方法”专题资料［EB/OL］.［2024-12-10］. https://www.altshuller.ru/triz/technique1a.asp.

［14］瓦伦蒂娜·克里亚奇科. 简易ARIZ［EB/OL］.［2025-02-03］. https://triz-summit.ru/triz/history/300029/matriz-2003/300348/300412/.

［15］根纳季·伊万诺夫. 工程问题解决算法：ARIP2009［EB/OL］.［2025-02-03］. https://triz-summit.ru/triz/metod/204230/204515/.

［16］爱德华·凯根. ARIZ-85C缺陷之我见［EB/OL］.［2025-02-03］. https://triz-summit.ru/triz/metod/204230/204611/.

［17］国际科技创新发展学校. 发明问题解决算法：ARIZ-91［EB/OL］.［2025-02-03］. https://metodolog.ru/node/219.

［18］弗拉基米尔·彼得罗夫. 发明问题解决算法（ARIZ）发展史［EB/OL］.［2025-02-03］. https://r1.nubex.ru/s828-c8b/f2110_a0/History%20of%20 ARIZ-book-All.pdf.

［19］弗拉基米尔·彼得罗夫，奥列格·阿布拉莫夫. ARIZ-85C：发明问题解决算法［M］. 叶卡捷琳堡：Ridero（网络出版平台），2018.

［20］弗拉基米尔·彼得罗夫. ARIZ-2010［EB/OL］.［2025-03-01］. https://iweb.vyatsu.ru/document/material/39/%D0%A2%D0%A0%D0%98%D0%97/ARIZ-2010.pdf.

［21］Петров Владимир. Основы ТРИЗ：Теория решения изобретательских задач［M］. Второе издание. Екатеринбург：Издательские решения（Ridero），2019.

[22] 艾萨克·布柯曼. TRIZ：推动创新的技术［M］. 李晟，李荒野，译. 北京：中国科学技术出版社，2016.

[23] 创新方法研究会，中国21世纪议程管理中心. 创新方法教程：高级［M］. 北京：高等教育出版社，2012.

[24] 罗玲玲. 大学生创新方法［M］. 北京：高等教育出版社，2017.

[25] 张换高. 创新设计：TRIZ系统化创新教程［M］. 北京：机械工业出版社，2017.

[26] 赵敏，史晓凌，段海波. TRIZ入门及实践［M］. 北京：科学出版社，2009.

[27] 周苏. 创新思维与TRIZ创新方法［M］. 北京：清华大学出版社，2015.